FIT FÜR GUTE NOTEN

Deutsch • Mathematik Konzentration

Klasse 2

Emil-Hoffmann-Straße 1, D-50996 Köln

Autoren: Marc Beck, Petra Bohn, Eva Christian, Katrin Höller, Birgit Popp-Kreckel, Anne Scheller, Katja Speicher

Redaktion: Oliver Christian Weber

Konzeption und Realisation: red.sign GbR, Stuttgart

Illustrationen: Hendrik Kranenberg, Drolshagen: S. 91, 95, 99, 101, 103, 104, 105, 108; Vera Brüggemann, Bielefeld: alle übrigen

Gesamtherstellung: Naumann & Göbel Verlagsgesellschaft mbH, Köln

ISBN 978-3-625-17096-9

Hallo und willkommen!

Du gehst in die zweite Klasse und möchtest üben? Dieses Buch hilft dir dabei! Zu **Mathe** und **Deutsch**, den wichtigsten Fächern, findest du darin eine Menge Aufgaben. Und wenn du beim Üben unruhig wirst, unterbrich einfach und mach eine **Konzentrationsübung**. Du wirst sehen, das macht Spaß und hilft.

In Deutsch sind die Beschäftigung mit **Wörtern und Texten**, das **Lesen** und **Diktate** besonders wichtig. Die wichtigsten Themen in Mathe sind **Geometrie**, **Zahlen**, **Rechnen** und **Größen**. Zu all diesen Bereichen enthält dieses Buch eine Menge Aufgaben – leichte und auch ein paar nicht ganz so einfache.

Wenn du einmal etwas nicht verstehst oder nicht weiterkommst, bitte deine Eltern, ältere Geschwister, einen Freund oder eine Freundin um Hilfe. Einige Aufgaben kannst du nur mit fremder Hilfe machen. Solche Aufgaben sind zum Beispiel Diktate und manche Konzentrationsübungen.

In den **Tipp-Boxen** findest du zusätzliche Hinweise, die dir helfen, die Aufgabe zu lösen. Und in den **Regel-Boxen** kannst du die Regel, die du gerade übst, nachlesen.

> Finde zuerst heraus, welche Striche Zehner und Fünfer sind.

> **Der Satzanfang**
> Das **erste Wort** im Satz wird **großgeschrieben** ...

Wenn du eine Aufgabe erledigt hast, schau in den **Lösungen** am Ende des Buches nach, ob du sie richtig gelöst hast.

Viel Spaß!

Deutsch

Mathe

Inhalt

Deutsch

Wörter und Texte

Lesen

Diktate

Aufsätze

1 Wörterkoffer

Stehen die Wörter am Anfang, in der Mitte oder am Ende des Alphabets?
Packe die Wörter in den richtigen Koffer, indem du einen Pfeil vom Wort zum Koffer malst.

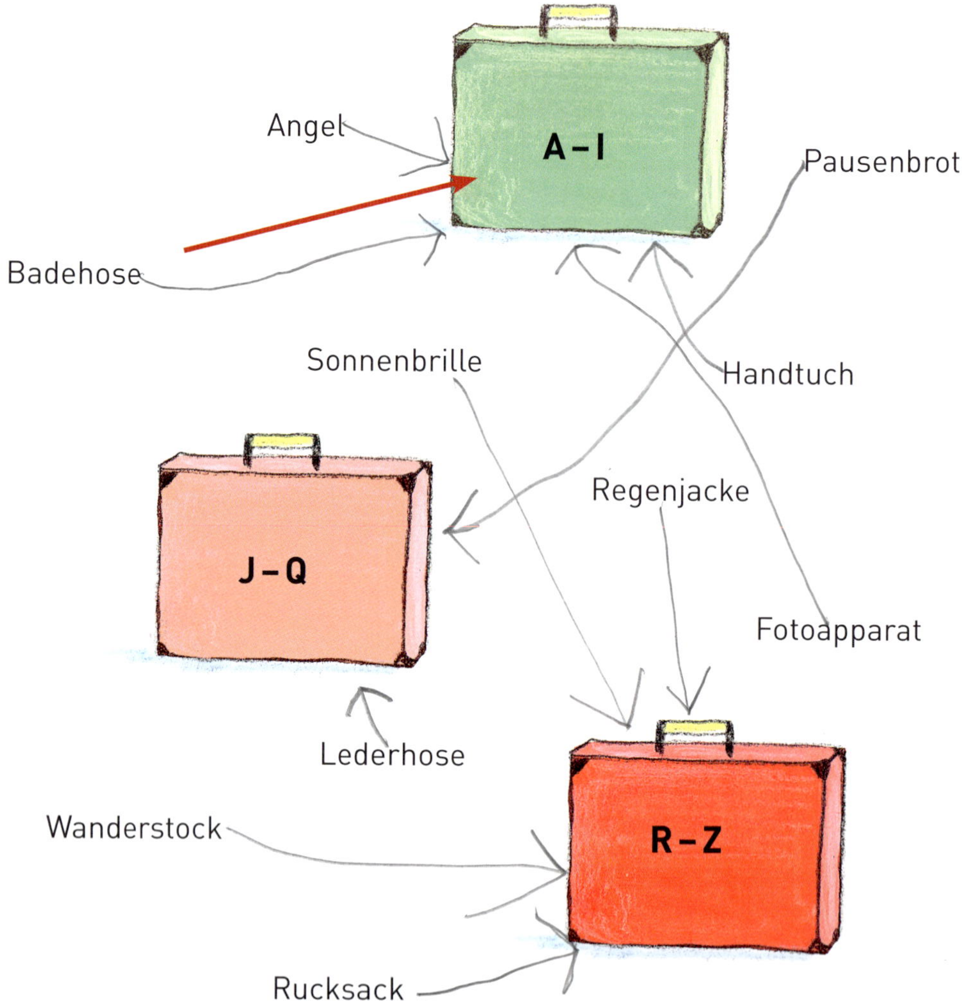

2 Wörter nach dem ABC ordnen

Markiere die Anfangsbuchstaben der Wörter. Schreibe sie dann in der richtigen Reihenfolge nach dem ABC auf.

klettern malen radeln schwimmen lesen
fotografieren wandern jodeln

fotografieren, ____________________

____

____

3 Tiere im Alphabet

Nummeriere die Tiere nach dem ABC.

Wespe	1	Stier	3
Wildschwein	2	Spatz	2
Wühlmaus	3	Schaf	1
Ameise	2	Reh	2
Adler	1	Reiher	3
Amsel	3	Regenwurm	1

Wörter mit dem gleichen Anfangsbuchstaben werden nach dem 2. Buchstaben geordnet. Ist auch dieser gleich, werden sie nach dem 3., 4., ... Buchstaben geordnet.

4 Im Freibad

Umkreise alle Nomen (Namenwörter) und schreibe sie mit dem richtigen Begleiter (der, die oder das) auf den Rand des Schwimmbeckens.

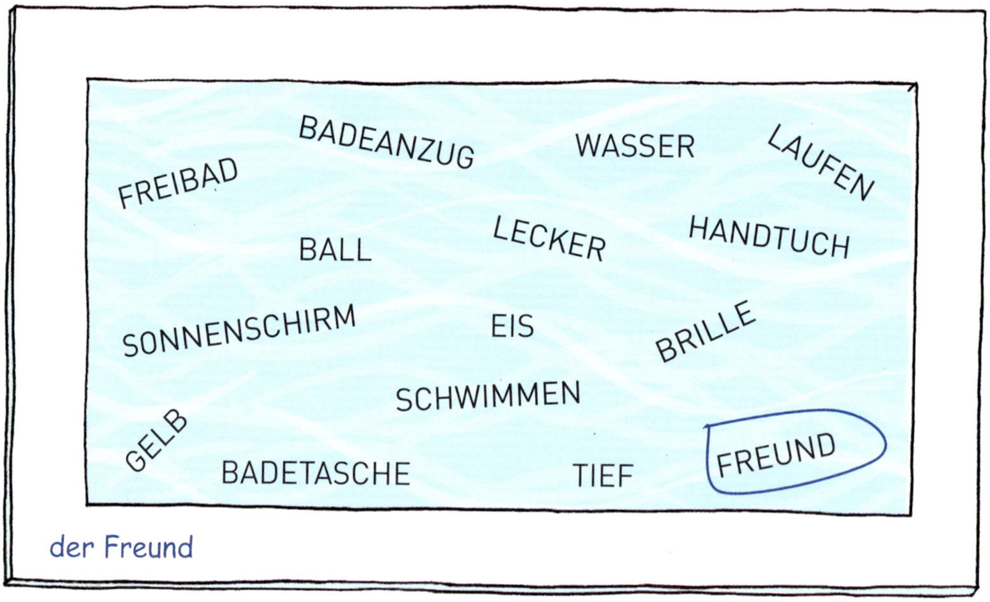

Welches ist dein Lieblingswort? Setze einen ☺ darüber.

5 Nomen erkennen

Findest du heraus, welche Nomen hier gesucht sind?

Mädchen ____________ Menschen ____________

____________ Tiere ____________

____________ Pflanzen ____________

____________ Dinge ____________

Wörter für Me____________, T____________,
Pfl____________ und D____________ sind Nomen.
Du kannst sie anfassen und sehen.

6 Einzahl und Mehrzahl

Aus „einem“ können „viele“ werden. Das klappt nur bei Nomen. Probier es gleich einmal aus und schreibe Einzahl und Mehrzahl neben die Bilder.

ein Stift ____________  viele ____________ 

 ____________  ____________

 ____________ ____________ 

____________   ____________

7 Großschreibung

Lies dir den Text zuerst gut durch und überlege, welche Wörter du großschreiben musst. Markiere die Anfangsbuchstaben dieser Wörter mit einem farbigen Stift. Schreibe anschließend den Text richtig auf die Linien.

HEUTE IST EIN HEIßER TAG. LENNART UND ANJA GEHEN INS FREIBAD. DORT TREFFEN SIE VIELE FREUNDE. SIE SCHWIMMEN, TAUCHEN UND SPIELEN BALL. SPÄTER KAUFEN SIE SICH EIN LECKERES EIS.

Heute ist ______________________________

____

____

____

____

____

____

8 Das Logbuch

Weißt du was ein **Logbuch** ist? Die Antworten auf solche Fragen findest du in einem Lexikon. Aber vielleicht weißt du es auch schon!
Kreuze die richtige Antwort an.

Als Logbuch bezeichnet man

ein Lexikon ☐

eine Seekarte ☐

ein Schiffstagebuch ☐

9 Wortstämme

Tunwörter bestehen aus dem Wortstamm und der Endung.
Der Wortstamm ist in allen Personalformen gleich.

hüpfen
Wortstamm: hüpf-

Male den Wortstamm deiner 3 Lieblingstunwörter in deiner Lieblingsfarbe an.

____

____

____

10 Auf dem Sportplatz

Meike, Paul und ihre Freunde treffen sich auf dem Sportplatz. Dort ist für den Nachmittag ein großes Sportfest mit vielen Stationen angesagt. Was die Freunde alles machen können, findest du in der Tabelle. Male die Silben, die zusammengehören, mit der gleichen Farbe an und schreibe die Tunwörter auf die Linie.

-fen	-tern	ko-	fan-	-chen	-fen	sprin-
klet-	kle-	-gen	ren-	hüp-	-nen	-cken
tau-	-ben	ki-	wer-	-gen	-chen	

Die Kinder können klettern,
_______________, _______________,
_______________, _______________,
_______________, _______________.
_______________, _______________,
_______________,

Aber drei Tunwörter passen nicht zum Sportplatz.
Streiche sie durch.

11 Wortbausteine

Das Wort spielen kennst du. Mit Wortbausteinen kannst du viele Verwandte dazu finden.

abspielen ,

12 Lieblingstunwörter

Was machst du am liebsten? Suche dir aus Aufgabe 10 deine drei Lieblingstunwörter aus und verwandle sie in die verschiedenen Personalformen:

ich, du, er, ...

Die Fips-Kisten helfen dir dabei. Auf den Bällen kannst du die verschiedenen Endungen der Tunwörter sehen.
Schreibe deine drei Lieblingstunwörter in den verschiedenen Personalformen auf.

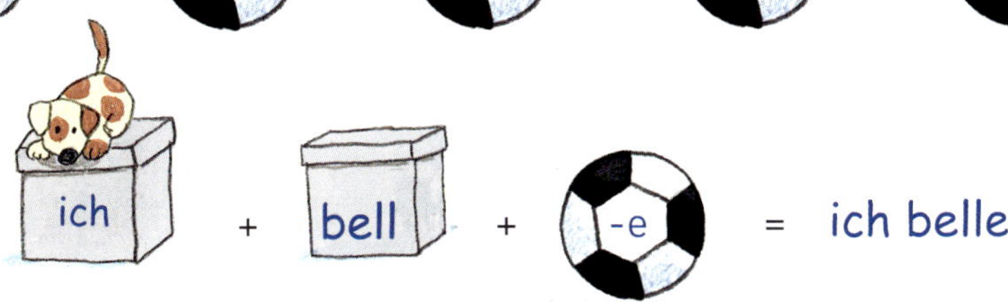

Lieblingstunwort 1:	Lieblingstunwort 2:	Lieblingstunwort 3:
ich		
er	sie	es
wir		
		ihr
	sie	

13 Zauberer Sausewind

Der kleine Zauberer Sausewind macht seine Hausaufgaben für die Zaubererschule. Heute übt er alles kleiner zu hexen.
Schreibe die richtigen Formen auf die Linien.
Die Bilder helfen dir dabei.

Aus einem  ______________ wird ein Häuschen ______________. 

Ein  ______________ wird zu einem ______________. 

Die  ______________ wird zu einem ______________. 

Aus einem  ______________ zaubert er ein ______________. 

14 Verkleinerung mit Umlaut

Nun bist du an der Reihe. Die richtigen Buchstaben zu finden ist wirklich keine Zauberei!
Ergänze die fehlenden Buchstaben.

Merke:
aus a wird ä und aus au wird äu

Blatt – Bl___ttchen Katze – K___tzchen

Mauer – M___erchen Sack – S___ckchen

15 Verwandte Wörter

Finde die verwandten Wörter und male die Kästchen in der gleichen Farbe aus.

verlaufen | kaufen | der Schaum | ein Rad | schäumen | die Verkäuferin | der Läufer | viele Räder

16 Wer ist das?

Verbinde die Buchstaben in der richtigen Reihenfolge.
Wer ist das? Schreibe den Namen in die Kästchen.

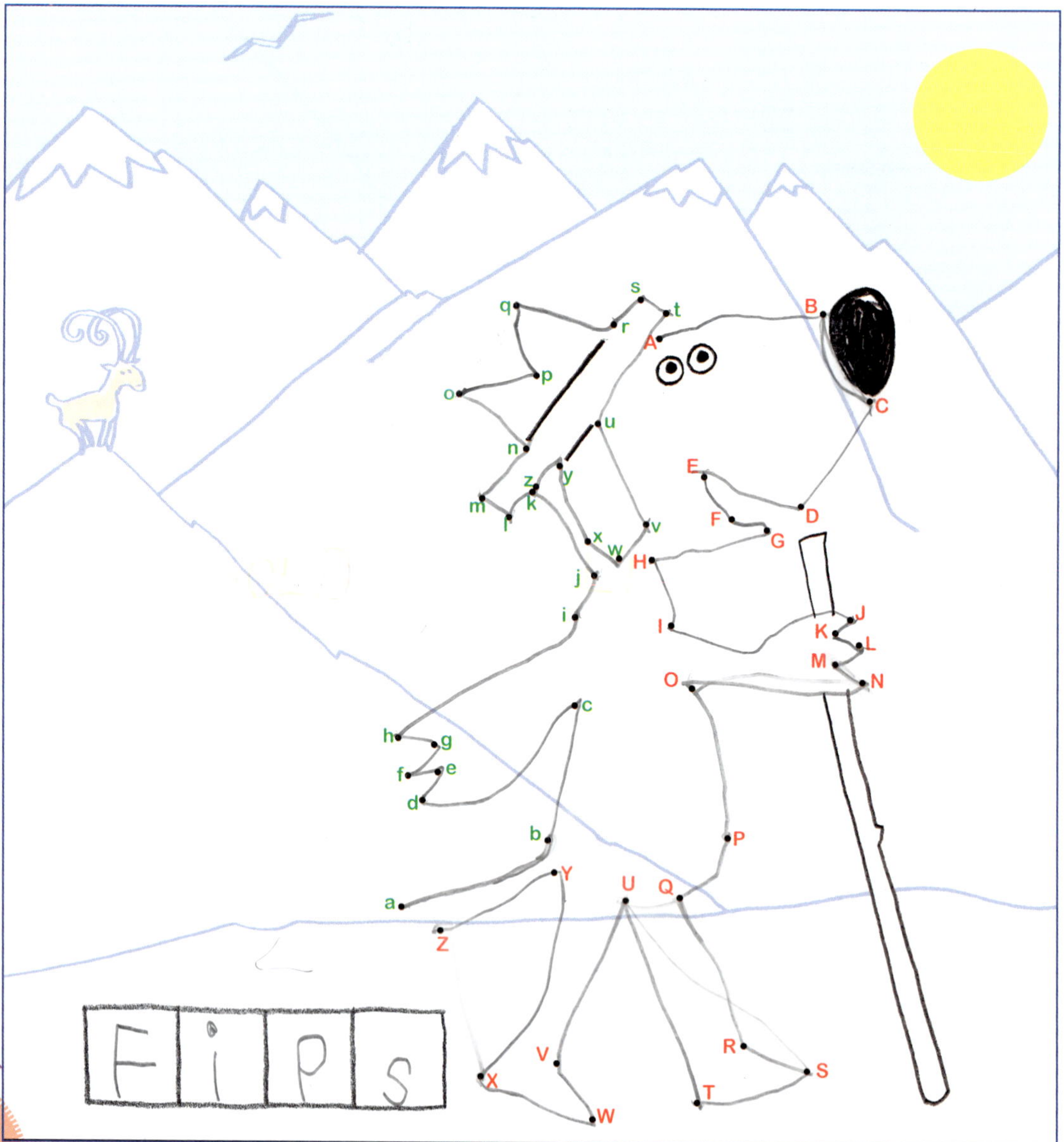

17 Buchstabenrätsel

Setze die fehlenden Buchstaben ein und du weißt, wo Fips diesen Sommer Urlaub macht.

A B C	K L M	O P Q	D E F	M N O
1	2	3	4	5

Lösung: In den

A	L	P	E	N
1	2	3	4	5

18 Unter Piraten

Piraten sind nicht nur mutig gewesen, sondern auch schlau. Der Piratenkönig Black hat die Informationen über den Schatz gut versteckt!
Findest du heraus wo? Suche die Buchstaben aus den vielen gleichen im Feld heraus und schreibe sie auf die Linien. Zusammen ergeben die Wörter den Lösungssatz.

ZZZZZZZZZZDZZZZZZ
ZZAZZZZZZZZZZZZZZ
ZZZZZZZZZZZSZZZZZ
ZZZZZGZZZZZZZZZZZ
ZZZZZZZZZZZZZOZZZ
ZZZLZZZZZZZZZZZZZ
ZZZZZZDZZZZZZZZZZ

DAS GOLD

M M M M M M L M M M M M M
M I M M M M M M M M M M
M M M M M M M M E M M
M G M M M M M M M M M
M M M M M M M M M M M
M M M M M M M M M M T
M M M M M M M M M M M

LIEGT

S S S S S S S S S S S S S I S S
S S S S N S S S S S S S S S S
S S S S S S S S S S S S S S S
S S S S D S S S S S S S S S S
S S S S S S S S S S E S S S S
S S R S S S S S S S S S S S S
S S S S S S S S S S S S S S S

INDER

V V V V V V V V V V V H V V
V V V Ö V V V V V V V V V V
V V V V V V V V V V V V V V
V V V V V V V V H V V V V V
V V V V V V V V V V V V V V
V L V V V V V V V V V V V V V
V V V V V V V V V V E V V V V

HÖHLE

Lösungssatz: DAS GOLD LIEGT INDER HÖHLE.

19 „Blinde Passagiere"

Hier haben sich „blinde Passagiere" eingeschlichen! Lies genau und umfahre die falschen Wörter mit einem Buntstift.

20 Der Piratenschatz

Nach dem letzten Abenteuer trägt Kapitän Black seinen Arm in einer Schlinge. Deshalb befiehlt er dem Schiffsjungen Paul, den Eintrag ins Logbuch zu übernehmen. Aber Paul ist ganz aufgeregt und so passieren ihm immer wieder Fehler.
In jedem Satz ist ein Wort zu viel. Finde es, streiche es durch und schreibe es unten auf die Linie. Am Ende erfährst du ein Geheimnis!

Unser Schiff lag im flachen Wasser vor ~~der~~ Anker.
Wir Kapitän machten uns mit Schaufeln und Spaten schnell auf den Weg zur Höhle.
In der Höhle war es stockdunkel und wir zündeten ein Feuer an, damit wir etwas unseres sehen konnten.
Im Schein des Feuers gingen wir auf die Suche nach dem Schiffes Schatz.
Weil es mehrere Gänge kann gab, teilten wir uns auf.
Nach einer Weile hörten wir in nicht der Ferne einen lauten Schrei.
So schnell wir konnten lesen rannten wir zurück zum Ausgang.
Plötzlich stolperte unser Hauptmann und über etwas. Wir blieben stehen und nicht schauten uns um. Da schreiben entdeckten wir in einer Nische eine Truhe voller Gold und Edelsteine.

Das Geheimnis lautet: Der ______________________

____

21 Hexen

Lies genau.
Schreibe unter jede Hexe den Namen, die Haarfarbe und die Farbe des Hutes. Male die Hexen richtig an.

Name: ______________ ______________ ______________

Haarfarbe: ______________ ______________ ______________

Hutfarbe: ______________ ______________ ______________

1. Die Hexenhüte sind gelb, rot oder blau.
2. Nelly hat ein rotes T-Shirt an.
3. Annabella ist blond.
4. Muriel hat ein gelbes T-Shirt an und hat kein braunes Haar.
5. Nellys Hut ist nicht blau.
6. Die Hexe mit dem roten Hut trägt ein blaues T-Shirt.
7. Muriel hat schwarze Haare.

22 Wie heißt der Schiffskoch?

Piraten waren oft viele Wochen auf See und da wurden schon mal die Vorräte an Lebensmitteln knapp. Deshalb musste man sich mit dem Smutje (= Schiffskoch) gut stellen!
Aber nun habe ich doch glatt den Namen vergessen!
Hier musst du helfen. Die drei Buchstaben in jeder Reihe ergeben anders zusammengesetzt ein neues Namenwort. Den Namen des Smutje findest du, wenn du die Anfangsbuchstaben der neuen Wörter von oben nach unten liest.

A	R	T
H	O	R
S	L	O
N	A	F

R		

Der Schiffskoch heißt R ____________________

23 „Feuerbrote“

Das Lieblingsrezept des Schiffskochs sind **„Feuerbrote“.**
Du kannst sie ganz leicht nachmachen.

Zubereitung:
Die Brotscheibe bestreichst du zuerst dünn mit dem Senf. Dann belegst du das Brot mit Salami oder Schinken. Zum Schluss kommen noch dünne Scheiben Salatgurke auf das Brot. Mit dem Eissalat und einem Zahnstocher kannst du auf deinem Feuerbrot noch ein Segel setzen!

Guten Appetit!

Nomen

Nomen bezeichnen außer **Personen** (der Lehrer, die Schaffnerin) auch **Dinge** (der Füller, das Fahrrad), **Tiere** (der Hund, die Ziege) und **Pflanzen** (die Blume, der Baum). Nomen werden immer **großgeschrieben**.

24 Apfelzwerge

Male ein **Gesicht** auf eine große **Holzperle** und stecke sie auf den **Stiel** eines **Apfels**. Aus **Watte** kannst du **Haare** und **Bart** aufkleben. Stecke zwei **Zahnstocher** in die **Seiten** des **Apfels**. Zwei kleine **Holzperlen**, die du darauf steckst, sind die **Hände**. Fertig ist dein **Apfelzwerg**!

45 Wörter • diktiert am: ____________________

Nun bastel dir doch mal selbst einen Apfelzwerg! Was du dafür brauchst, weißt du ja. Sonst kannst du den Text einfach noch einmal lesen.

25 Auf der Jagd

Der **Indianer** Flinker Fuchs versteckt sich hinter einem dicken **Baumstamm**. Die **Büffel** grasen ganz in seiner **Nähe**. Leise legt der **Indianer** einen **Pfeil** in den **Bogen**. Da taucht ein **Rudel** **Wölfe** auf, vor dem die **Büffelherde** flieht. Heute hat der **Indianer** kein **Glück**.

41 Wörter • diktiert am: ____________________

Na, bist du auch ein flinker Fuchs? Dieses Diktat kannst du auch als Laufdiktat üben. Das geht so: Lege den Diktattext an einen entfernten Ort (Fensterbank, Balkon). Gehe zu dem Diktat und lies mehrere Wörter. Merke sie dir gut. Gehe nun zu deinem Heft zurück und schreibe die Wörter aus dem Gedächtnis auf. Das wiederholst du, bis du den ganzen Text in dein Heft übertragen hast. Lies den Text zum Schluss noch einmal durch und korrigiere mögliche Fehler. Vergleiche nun deinen Text mit der Vorlage.

Wochentage und Uhrzeit

Die sieben **Wochentage** (Montag, Dienstag ...) schreibst du immer **groß**. Auch die „Uhr" der **Uhrzeit** wird mit einem großen Anfangsbuchstaben geschrieben (Jetzt ist es 9.00 Uhr, bald ist es 10.00 Uhr).

26 Hexe Hellas Woche

Hexe Hella erwacht am **Montag** um **6.00 Uhr**. Am **Dienstag** zaubert sie um **7.00 Uhr**. Am **Mittwoch** spielt Hella um **8.00 Uhr** mit ihrem Drachen. Kräuter sammelt die Hexe am **Donnerstag** um **9.00 Uhr**. Von **Freitag** bis **Samstag** fliegt Hella zu ihrer Freundin. Am **Sonntag** schläft die Hexe bis **12.00 Uhr**.

52 Wörter • diktiert am: ____________________

27 Vorbereitung auf das Endspiel

Am **Samstag** um **15.30 Uhr** steht Florians Mannschaft im Endspiel um einen wichtigen Pokal. Deswegen treffen sich die Spieler am **Montag**, **Mittwoch**, **Donnerstag** und **Freitag** und trainieren von **17.00** bis **19.00 Uhr**. Nur **Dienstag** haben sie frei. Wenn sie gewinnen, gibt es am **Sonntag** ein großes Fest.

45 Wörter • diktiert am: ____________________

Verben
Verben drücken aus, was jemand oder etwas tut oder was geschieht (Max lacht, Nina rennt, das Auto fährt, es regnet, es schneit). Verben werden **kleingeschrieben**.

28 Lilli und Olga tun alles gemeinsam

Lilli und Olga **sind** beste Freundinnen. Sie **spielen** zusammen oder **malen** gemeinsam ein Bild. Sie **gehen** ins Schwimmbad und **verstecken** sich im Wald. Beide **lesen** gerne Bücher und **erfinden** Geschichten. Sie **tragen** die gleichen Pullis und Hosen. Nachts **träumen** Lilli und Olga sogar voneinander.

44 Wörter • diktiert am: ____________________

29 Kampf um die Schatzinsel

Eine Horde wilder Piraten **ankert** vor der Insel Kupali. Auf ihrer Schatzkarte **ist** genau diese Insel **erwähnt**. Plötzlich **nähert** sich ein zweites Schiff. Die Piraten **feuern** mit ihren Kanonen. Mehrere Kanonenkugeln **reißen** große Löcher in das andere Schiff, das nach kurzer Zeit **sinkt**. Nun **gehört** der Schatz den Piraten. Sie **müssen** ihn nur noch **finden**.

54 Wörter • diktiert am: ____________________

Adjektive

Adjektive beschreiben, wie Menschen, Tiere, Pflanzen oder Dinge **aussehen** und welche **Eigenschaften** sie haben (ein frecher Junge, ein bunter Schmetterling, ein alter Baum, ein gelbes Fahrrad). Adjektive schreibt man **klein**.

30 Zottel ist der Beste

Franzis Lieblingspferd heißt Zottel. Zottel ist **schön**! Sein Maul ist **weich** und seine Augen **groß** und **dunkel**. Sein Fell ist **braun** und **glatt**. Zottel ist sehr **lieb** zu Franzi. Er bewegt sich **langsam** und **ruhig** und wirft sie nie herunter. Franzi ist **glücklich**, dass sie Zottel reiten darf.

48 Wörter • diktiert am: ____________________

Wörter mit eu

Der Laut **eu** klingt gleich wie **äu**. Du schreibst Wörter immer dann mit **eu**, wenn es kein verwandtes Wort mit **au** gibt (der Beutel, der Euro, treu).

31 Lottes neue Ballettschuhe

„**Leute**, ich bin so aufgeregt!“, ruft Lotte laut. „**Heute** bekomme ich meine **neuen** Ballettschuhe. Sie sind **nagelneu** und viel schöner als meine alten. Ich **freue** mich so!“ „Darf ich sie auch mal anziehen?“, fragt Maxi. „Klar. Du bist doch meine beste **Freundin**!“

42 Wörter • diktiert am: ____________________

32 Am Ende des Tages

„Unsere schöne **Beute**“, **seufzt** einer der Räuber. „Du hattest wohl gehofft, ab **heute** reich zu sein“, erwidert ein Ritter mit **Schadenfreude** in der Stimme. Der helle Mond **erleuchtet** den Weg zur Burg. Als die Räuber dort in den Kerker geworfen werden, **heulen** sie verzweifelt auf.

41 Wörter • diktiert am: ____________________

b oder p?

Am Wortende hört man den Unterschied zwischen **b** und **p** nur schlecht. Um herauszufinden, ob du das Wort mit **b** oder **p** schreibst, kannst du es verlängern oder ein verwandtes Wort suchen (lie**b** → lie**b**en, Stau**b** → stau**b**ig).

33 Der Unfall

Ausgerechnet als der **Polizist** zum Tatort gerufen wurde, **gab** es einen Unfall. Nichts **bewegte** sich auf der Straße. Der **Beamte** ärgerte sich über sein **Pech**. Er **hupte** wie verrückt und schaltete das **Blaulicht** ein. Zum Schluss fuhr er über den **Bürgersteig**, um schneller vorwärtszukommen. Was **blieb** ihm anderes **übrig**?

49 Wörter • diktiert am: ____________________

Wörter-Babys

Suche das längste Diktatwort aus diesem Diktat heraus. Schreibe es von oben nach unten auf ein Blatt. Das Wort bekommt „Babys", wenn du zu jedem Buchstaben deines Wortes ein neues Diktatwort aus diesem Buch findest, das mit diesem Buchstaben anfängt. Schreibe die Wörter-Babys hinter den jeweiligen Buchstaben. Na, wie lange brauchst du, um zu jedem Buchstaben ein Wort zu finden?

d oder t?

Auch den Unterschied zwischen **d** und **t** am Wortende hört man nur schwer. Wenn du das Wort verlängerst oder ein verwandtes Wort suchst, kannst du hören, ob du **d** oder **t** schreiben musst (Hal**t** → anhal**t**en, Lan**d** → Län**d**er). Verben in der 3. Person Einzahl enden immer auf **-t**.

34 Meine Tante Paula

Heute **kommt** Tante Paula zu Besuch. Sie **sieht** wieder einmal ganz schräg aus. Auf dem Kopf **hat** sie einen spitzen **Hut.** Ihr **Mund** ist **knallrot angemalt**. Sie **trägt** ein grünes **Kleid** mit einem Gürtel. Der ist **breit** und **bunt**. Eines **ist** sicher: Tante Paula **fällt** immer auf!

47 Wörter • diktiert am: ____________________

35 Im Schutz der Nacht

In der **Nacht weht** der **Wind** dicke Wolken über den Himmel. Immer wieder **wird** der **Mond verdeckt**. Nach dem **Gold suchend hat** sich der **Feind** des Piratenkönigs **unerkannt** bis zum Versteck geschlichen. Doch plötzlich **schlägt** ein **Hund** Alarm.

38 Wörter • diktiert am: ____________________

Zusammengesetzte Nomen

Man kann neue Nomen bilden, wenn man zwei oder mehr Nomen zusammensetzt (Fest + Zelt → Festzelt, Geburtstag + Fest + Zelt → Geburtstagsfestzelt). Wie alle Nomen werden sie **großgeschrieben**. Um ein solches zusammengesetztes Wort besser aussprechen zu können, **fügt** man manchmal ein **s** zwischen die zwei Wörter ein. Ein sogenanntes **Fugen-s** (Geburtstag**s**feier).

36 Abenteuer im Märchenbuch

Gundi und Ulla sind **Zwillingsschwestern**. Sie lesen sich jeden Abend etwas vor. Dabei werden sie zu **Einhornreiterinnen** und **Feenköniginnen**. Sie kämpfen mit **Nachtriesen** und **Wolfs-ratten**. Dann kuscheln sich Gundi und Ulla in ihre **Bettdecken** und schlafen erschöpft ein.

38 Wörter • diktiert am: ____________________

37 Lena liebt ihren Namen

Das **Zaubererkind** Lena schlüpfte aus einem **Drachenei**: Sie ist ein **Dracheneizaubererkind**. Und wegen ihrer dunklen Haare heißt Lena auch: **Nachthaardracheneizaubererkind**. Lena selbst findet, dass Lena lang genug ist.

28 Wörter • diktiert am: ____________________

Punkt

Am Ende von Aussagesätzen steht – wie hier – ein **Punkt**. Denke daran, danach groß weiter zu schreiben.

38 Sternschnuppen

Du hast bestimmt schon einmal eine Sternschnuppe gesehen. **D**ie strahlenden Lichter sind nichts anderes als Staubkörner. **S**ie fallen zur Erde und werden dabei heiß. **D**ann beginnen sie zu glühen. **D**abei leuchtet der Sternenstaub hell auf.

Vielleicht erfüllen uns Sternschnuppen sogar unsere Wünsche. **V**ersuche es doch auch einmal.

47 Wörter • diktiert am: ____________________

39 Vor dem Kampf

Der Ritter Rostkopf greift zu seiner Lanze. **F**ür diesen Tag hat er lange geübt. **E**r steigt auf sein Pferd und reitet auf den Kampfplatz. **D**ie Zuschauer jubeln ihm zu. **M**anche schwenken bunte Fahnen, auf denen sein Wappen zu sehen ist. **M**it erhobener Hand begrüßt er sie.

46 Wörter • diktiert am: ____________________

Fragezeichen

Weißt du, welches Satzzeichen am Schluss einer Frage steht**?** Es ist das **Fragezeichen**. Danach geht es mit einem Großbuchstaben weiter.

40 Das Leiden eines Fußballtrainers

Am Spielfeldrand springt der Trainer auf. Warum bekommt der Gegenspieler keine rote Karte**? H**at der Schiedsrichter etwa keine Augen im Kopf**? W**ieso wird meine Mannschaft immer schwerer bestraft**? A**ber laut spricht er diese Gedanken nicht aus, bevor er deswegen auf die Tribüne geschickt wird.

44 Wörter • diktiert am: ____________________

41 Besuch im Zoo

Janosch und Sarah gehen heute mit ihren Eltern in den Zoo. Setze das passende Satzzeichen: ein Fragezeichen am Ende einer Frage und ein Ausrufezeichen nach einer Aufforderung.

Wenn du von etwas erzählen oder anderen etwas mitteilen möchtest, benutzt du **Aussagesätze**. Sie enden mit einem **Punkt**.

42 Frage, Ausruf oder Ausage

Ergänze die Satzzeichen und die Sprechblasen. Verbinde dann, was zusammen passt!

Denke an die Satzzeichen!

Wo sind die Seehunde ?

Gib mir auch mal den Fotoapparat !

Wer füttert die Löwen ?

Wann schließt der Zoo ?

Lauf nicht so schnell !

Warum müssen wir schon gehen ?

Das hat Spaß gemacht .

Wenn du etwas wissen möchtest, stellst du eine ? ___________.

Wenn du jemanden zu etwas aufforderst, dann tust du das mit einem ! ___________.

Mit einem . ___________satz kannst du etwas erzählen oder mitteilen.

43 Tier gesucht!

Welches Tier wohnt in diesem Gehege?
Schreibe die Sätze richtig auf und setze am Ende das richtige Satzzeichen.

Mein Lieblingsessen ______________________________

____

____

____

____

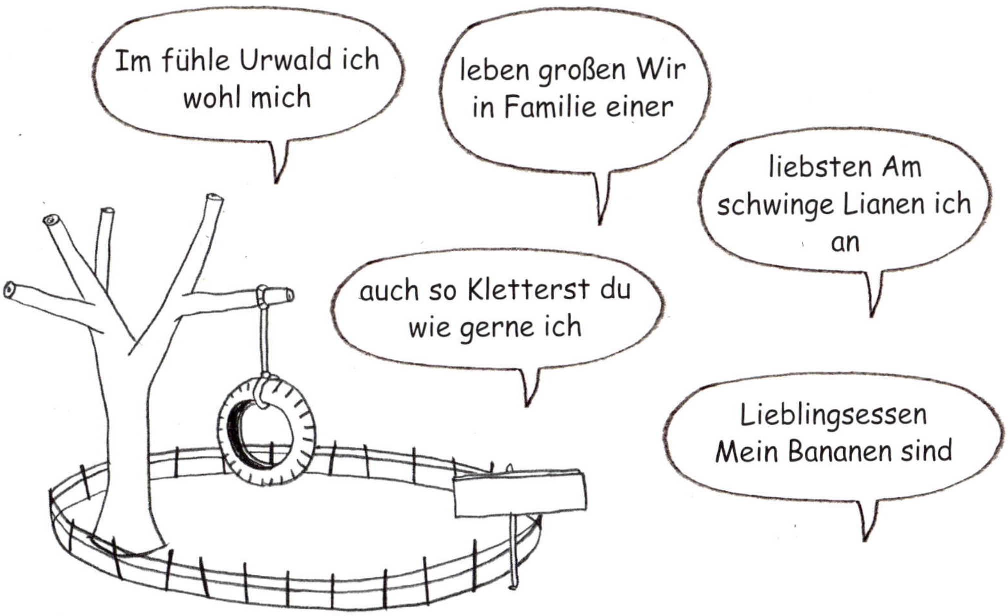

Das gesuchte Tier ist ein ______________. Male das Tier wieder in sein Gehege!

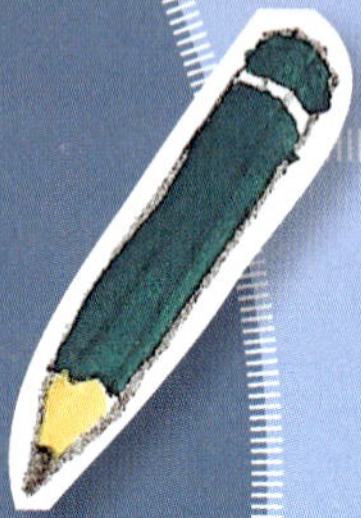

Mathe

Geometrie

Zahlen

Rechnen

Größen

44 Spiegelbilder

Fips sieht sein Spiegelbild im Wasser.
Kannst du bei den folgenden Figuren das Spiegelbild ergänzen?

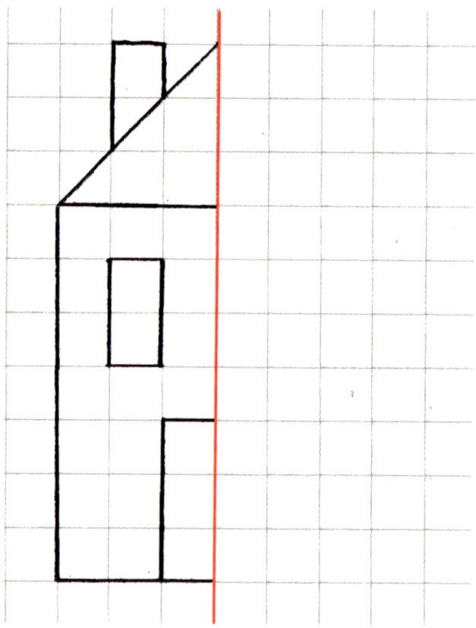

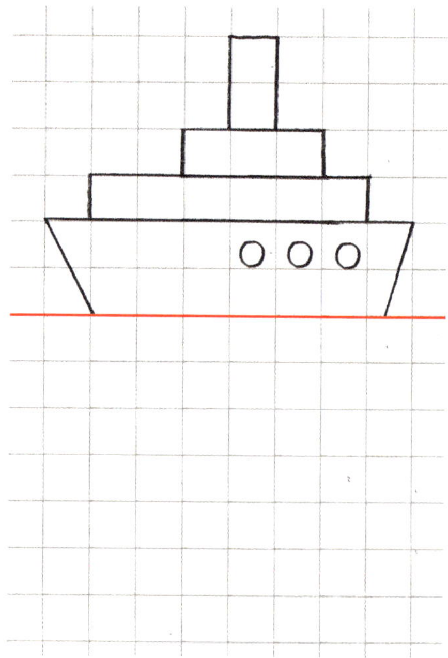

45 Formen erkennen und Muster fortsetzen

Male alle □ rot, alle △ blau und alle ○ grün an.

Setze die Muster zuerst in der richtigen Reihenfolge fort und male dann die Zeichen in den gleichen Farben aus wie in Reihe 1.

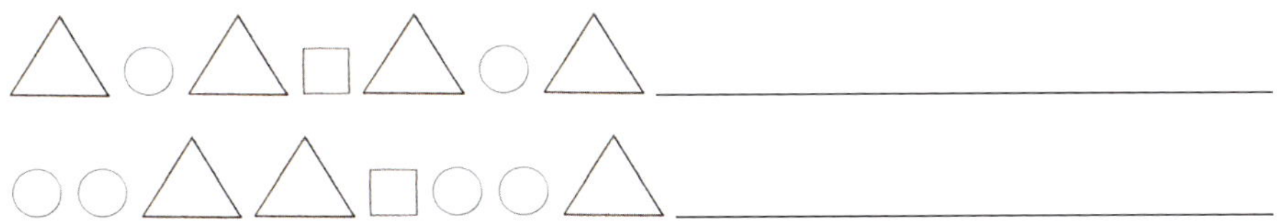

Erfinde ein eigenes Muster und male es aus.

____

46 Orientierung

A. Findest du dich auf dem Plan zurecht? Schau genau hin.

Carlotta geht vom Eingang **nach links** und **biegt** an der nächsten Möglichkeit **rechts ab**. Sie läuft ein kurzes Stück **geradeaus**, schaut nach rechts und sieht ____________________.

B. Zeichne den folgenden Weg rot ein und beschreibe den Weg.

Die beiden Mädchen starten am Eingang und möchten zuerst zu den Bären. Dann wollen sie die Seelöwenfütterung sehen und anschließend zu den Löwen.

C. Nun beschreibe den Weg, den die Mädchen gegangen sind.

Vom Eingang aus gehen die Mädchen nach ____________________

____

____

____

47 Das Zauberschloss

Aus welchen Flächen ist das Zauberschloss gebaut?

Male die ○, □, ▭ und △ an.
Wähle für jede Form eine andere Farbe.

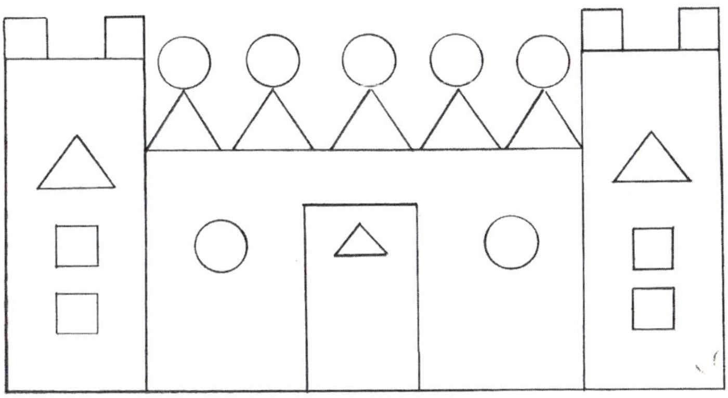

48 Rückwärts zählen

Trage die richtige Zahl in die einzelnen Gondeln ein.

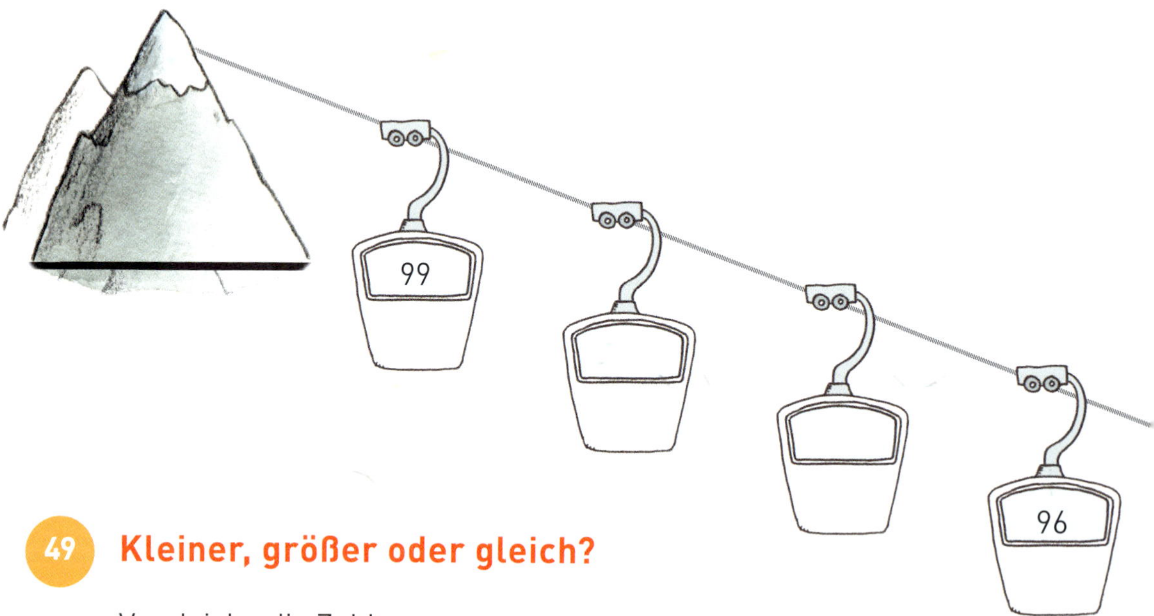

49 Kleiner, größer oder gleich?

Vergleiche die Zahlen.

Setze <, > oder = ein.

42 ◯ 24

59 ◯ 60

34 ◯ 42

86 ◯ 98

87 ◯ 78

42 ◯ 53

50 Gerade oder ungerade?

Male alle geraden Zahlen grün an
und alle ungeraden Zahlen blau an.

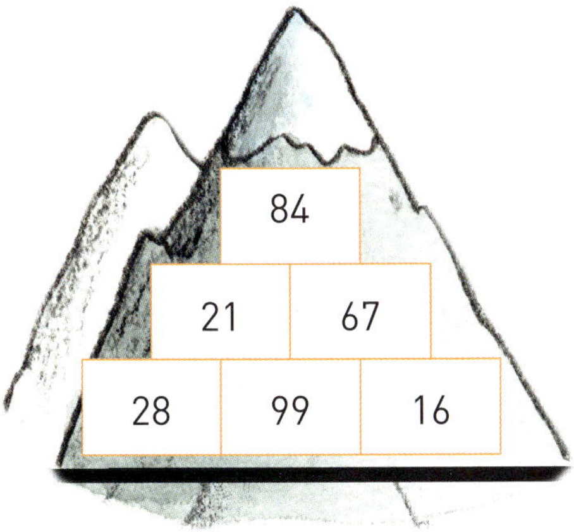

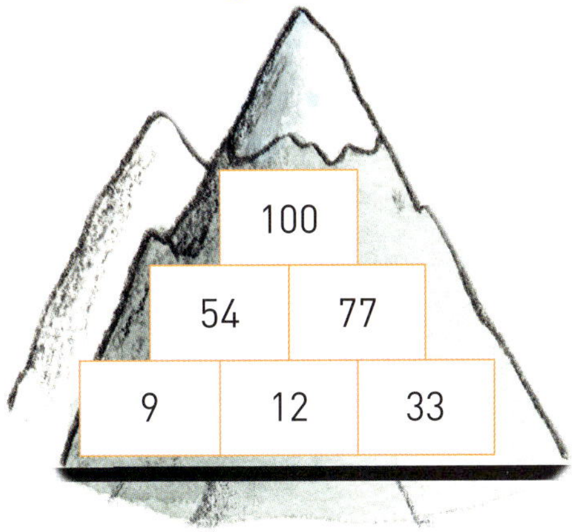

51 Blumenwiese

Wie viele Zehner (Z), wie viele Einer (E)?
Kreise immer 10 Blumen ein und schreibe in die Tabelle.

Z	E
3	4

52 Zahlenfolgen bilden und fortsetzen

Setze die Zahlenfolgen fort.

A.	19	18			15		
B.	25	30			45		
C.	88	77			44		
D.	8	13	18	23			38

53 Nachbarzahlen

A. Nenne den Vorgänger und den Nachfolger der Zahl.

___ 67 ___ ___ 43 ___ ___ 70 ___

___ 99 ___ ___ 57 ___ ___ 31 ___

B. Nenne die benachbarten Zehner.

___ 34 ___ ___ 29 ___ ___ 98 ___

___ 76 ___ ___ 54 ___ ___ 88 ___

54 Zahlenfolgen bilden und fortsetzen

Wie geht die Zahlenreihe weiter? Finde die nächsten vier Zahlen.

A. 25, 30, 35, ___ ___ ___ ___

B. 80, 78, 76, ___ ___ ___ ___

C. 24, 25, 27, 30, 34, ___ ___ ___ ___

D. 65, 62, 58, 55, 51, ___ ___ ___ ___

E. 36, 39, 34, 37, 32, ___ ___ ___ ___

F. 91, 84, 87, 80, 83, ___ ___ ___ ___

G. 99, 90, 95, 84, 89, ___ ___ ___ ___

H. 78, 84, 80, 86, 82, ___ ___ ___ ___

55 Zahlen am Zahlenstrahl finden

Finde die Zahlen am Zahlenstrahl.

Welche Zahlen sind markiert?

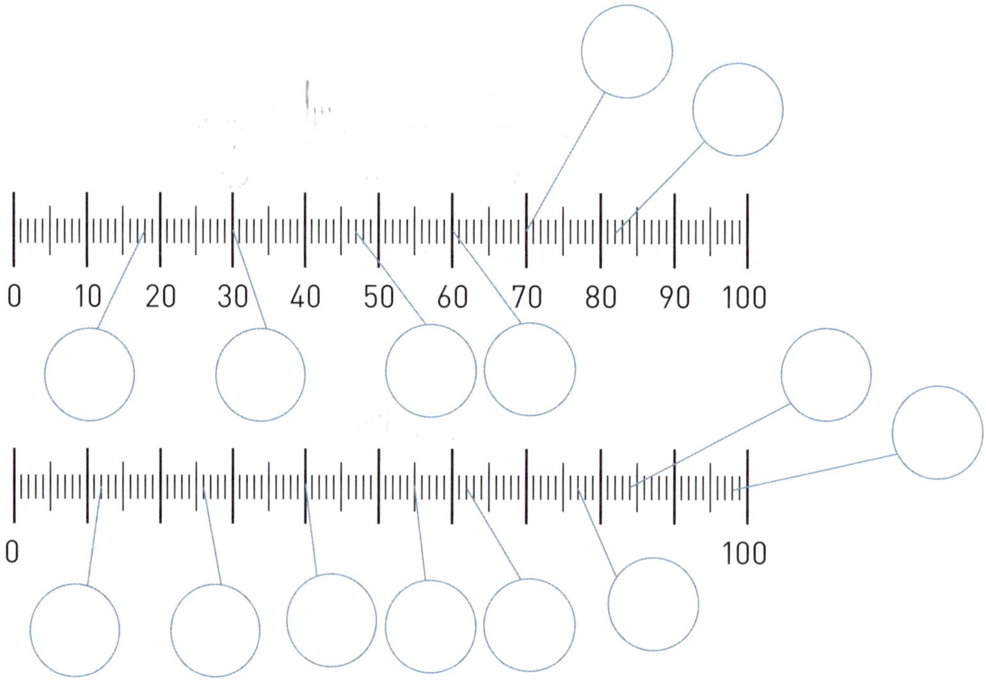

Finde zuerst heraus, welche Striche Zehner und Fünfer sind.

56 Zahlen am Zahlenstrahl finden

Finde die Zahlen am Zahlenstrahl.

Ziehe Linien von den Zahlen zum Zahlenstrahl.

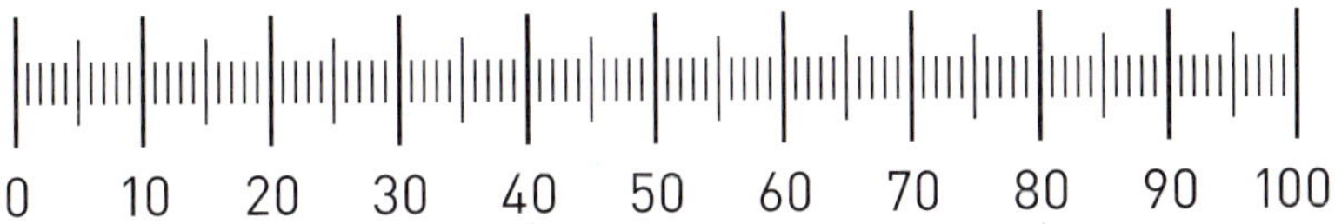

15 32 46 50 64 69 74 98

8 23 44 59 61 70 83 95

57 Addition bis 100

Fülle die Rechenpyramiden. Rechne Additionsaufgaben.

A.

100
38 | 62
13 | 25 | 37
5 | 8 | 17 | 20
1 | 4 | 4 | 13 | 7

Merke dir den Begriff: addieren = zusammenzählen

B.

100
60 | 40
33 | 27 | 12
14 | 19 | 8 | 4
1 | 13 | 6 | 2 | 2

C.

70
32 | 35
17 | 15 | 20
10 | 7 | 8 | 12
8 | 2 | 5 | 3 | 9

Hier musst du manchmal auch minus rechnen.

58 Elefantenparade

Rechne auf deinem eigenen Weg.
Schreibe das richtige Ergebnis in das Kästchen unter die Elefanten.

93

53

33

45

59 Ergebnisse vergleichen

Jonas und Daniel sammeln und tauschen beide schöne Kieselsteine. Jeden Monat rechnen sie nach, wie viele Steine jeder hat, und vergleichen, wer mehr hat. Trage ein: <, >, =.

A.

Jonas	<, > oder =?	Daniel
65 + 17		93 – 15

B.

Jonas	<, > oder =?	Daniel
76 – 35		25 + 16

C.

Jonas	<, > oder =?	Daniel
33 + 28		97 – 24

D.

Jonas	<, > oder =?	Daniel
63 – 49		47 + 14

60 Gleichungen lösen

Timos kleine Schwester hat Flecken in sein Matheheft gemacht.
Jetzt muss er manche Zahlen neu schreiben. Hilf ihm.

A. ___ + 46 = 73

B. 78 – ___ = 41

C. ___ = 63 + 18

D. 14 > 27 – ___

E. ___ – 28 = 45

F. 45 + ___ = 80

G. ___ = 84 – 55

H. 33 – ___ < 13

Manchmal gibt es mehrere richtige Lösungen.
Schreibe dann so viele auf, wie du findest.

61 Multiplikation aus Addition erschließen

Finde zu jedem Bild die passende Additionsaufgabe. Es gibt auch immer eine Multiplikationsaufgabe. Schreibe auf und rechne.

Merke dir den Begriff:
Multiplikation = Malaufgabe

A.

$3 + 3 + 3 + 3 =$ ____________

$4 \cdot 3 =$ ____________

B.

____

____

C.

____

____

D.

____

____

62 Tigerbeine

Im Tigergehege leben 5 Tiger.
Wie viele Beine sehen die Kinder?

Rechnung: ______________________________

Antwort: ______________________________

____

63 Was kostet der Zoobesuch?

Carlotta geht mit ihrer Schwester und den Eltern in den Zoo.

Wie viel Eintritt muss die Familie bezahlen?

Antwort: Die Familie bezahlt ______________ €.

64 Ballspiel

Hol dir einen Ball und spiele diese Übung durch!

A. Prell den Ball dreimal auf den Boden und wirf ihn dann achtmal so oft in die Luft.

B. Wirf und fang ihn achtzehnmal mit der rechten Hand und nur halb so oft mit der linken Hand.

C. Prell den Ball fünfmal auf den Boden und springe danach viermal so oft einen Hampelmann.

65 Division als Umkehroperation zur Multiplikation

Die Umkehraufgabe zu einer Multiplikationsaufgabe ist eine Divisionsaufgabe. Finde die Umkehraufgaben.

A. $4 \cdot 8 =$ ______

______ $: 8 = 4$

B. $9 \cdot 3 =$ ______

____

C. $2 \cdot 7 =$ ______

____

D. $5 \cdot 6 =$ ______

____

Merke dir den Begriff:
Division = Geteiltaufgabe

66 Malnehmen und teilen

Welche Malaufgabe und welche Geteiltaufgabe gehören zusammen?
Rechne und male in der gleichen Farbe aus.

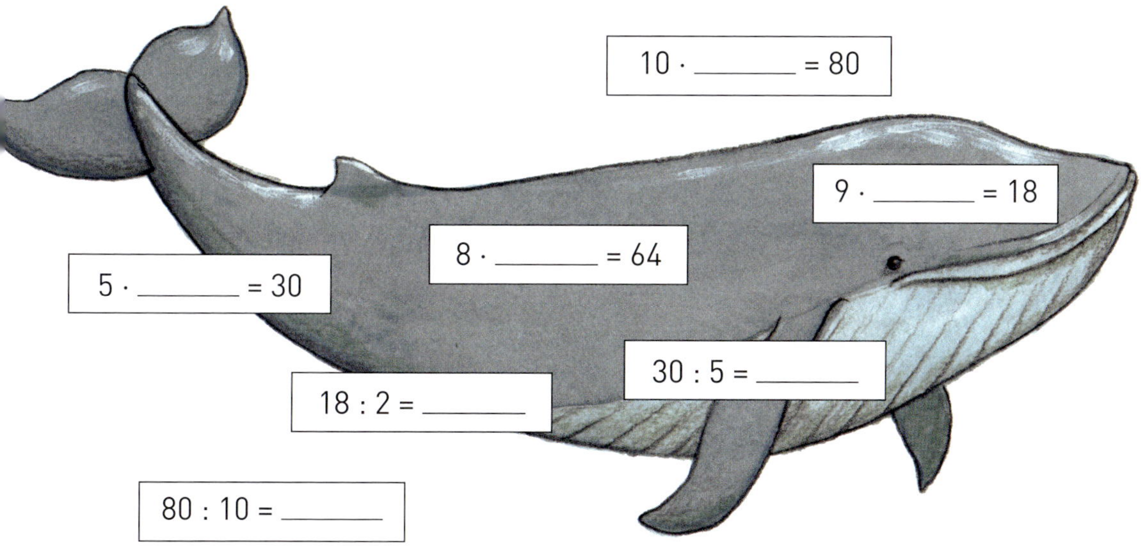

10 · ______ = 80

9 · ______ = 18

8 · ______ = 64

5 · ______ = 30

30 : 5 = ______

18 : 2 = ______

80 : 10 = ______

64 : 8 = ______

67 Langstreckenschwimmer

Fips schwimmt 15 Bahnen, das sind 3-mal mehr als Jannika.
Wie viele Bahnen schwimmt Jannika?

Rechnung: ____

Antwort: Jannika schwimmt ______________ Bahnen.

68 Kleines Einmaleins – Division

Bei einem Händler sollen Autoreifen in unterschiedliche Lager sortiert werden. Alle Reifen mit einer Divisionsaufgabe ohne Rest kommen in Schuppen A. Alle Reifen mit einer Divisionsaufgabe mit Rest werden in Schuppen B gelagert. Welcher Reifen muss in welchen Schuppen? Rechne und verbinde den Reifen mit der entsprechenden Tür.

69 Ein Schatz wird verteilt

Pirat Augenklappe teilt den Schatz von 36 Goldtalern mit seinen beiden Piratenfreunden.

Zeichne die Piraten und die 36 Goldtaler.
Verteile gerecht.

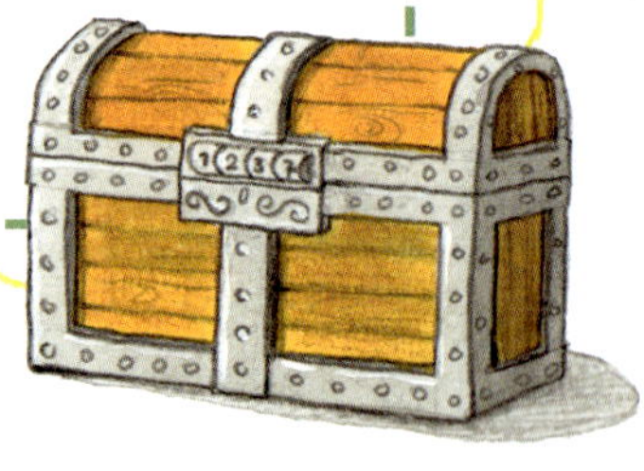

Rechnung: 36 : ________ = ________

Antwort: Jeder Pirat bekommt ________ Goldtaler.

70 Hälfte und Doppeltes

Melanie und Susi wollen ihre Hamster mit Sonnenblumenkernen füttern. Sie legen ihre Vorräte zusammen und teilen sie gleichmäßig auf. Wie viele Kerne haben sie?

A. Die beiden Mädchen haben immer gleich viele Kerne. Verdopple.

Ein Mädchen	Beide Mädchen
30	60
44	88
29	58
17	35
38	[illegible]

B. Die beiden Mädchen teilen den Vorrat an Kernen gleichmäßig auf beide Hamster auf. Halbiere.

Kernvorrat	Für jeden Hamster
80	
64	
78	
36	
52	

71 Bauen und pflastern

Zeichne zu jeder Textaufgabe eine Skizze. Schreibe Rechnung und Antwort auf.

A. Johannes' Vater baut eine kleine Mauer um den Garten. Johannes und fünf seiner Freunde helfen ihm. Sie tragen die Ziegelsteine herbei. Insgesamt werden 30 Ziegelsteine gebraucht. Wie viele muss jeder Junge tragen?

Skizze

Antwort:

B. Johannes hilft auch, den Gartenweg zu pflastern. In eine Reihe passen 7 Pflastersteine. Johannes hat insgesamt 38 Pflastersteine. Wie viele Steine passen noch in die letzte Reihe?

Skizze

Antwort:

72 Besucherströme

Dieses Schaubild zeigt, wie viele Menschen an den Tagen einer Woche das Freibad besucht haben. Lies ab, wie viele es jeweils waren.

Montag	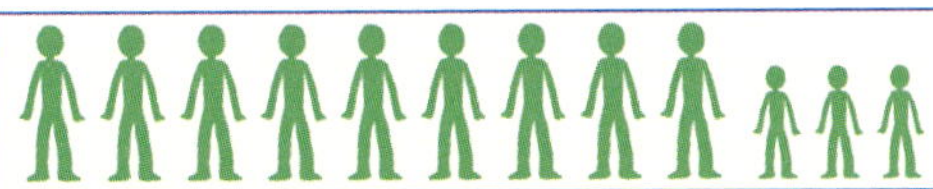	93 Besucher
Dienstag		___ Besucher
Mittwoch		___ Besucher
Donnerstag	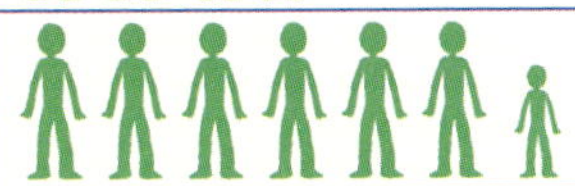	___ Besucher
Freitag	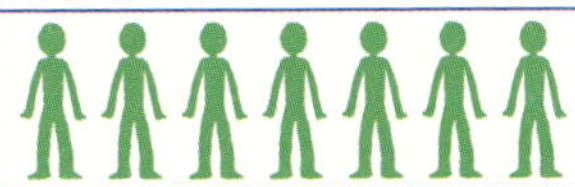	___ Besucher
Samstag	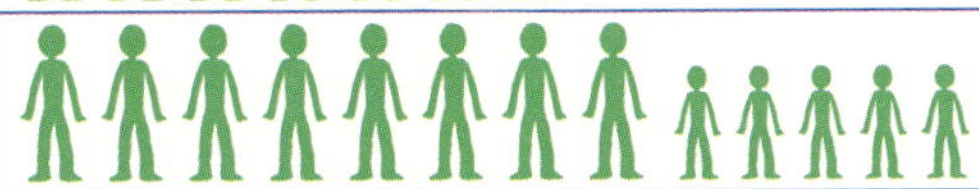	___ Besucher
Sonntag	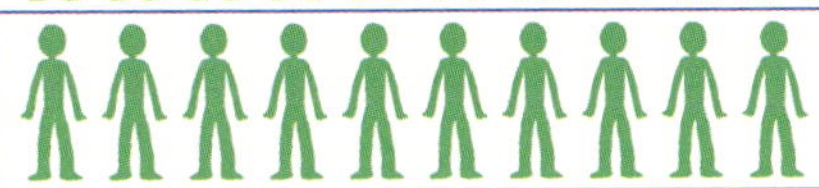	___ Besucher
 sind 10 Besucher  ist ein Besucher		

73 Weitwurf

Bei einem Sportfest gab es beim Weitwurf folgende Ergebnisse:

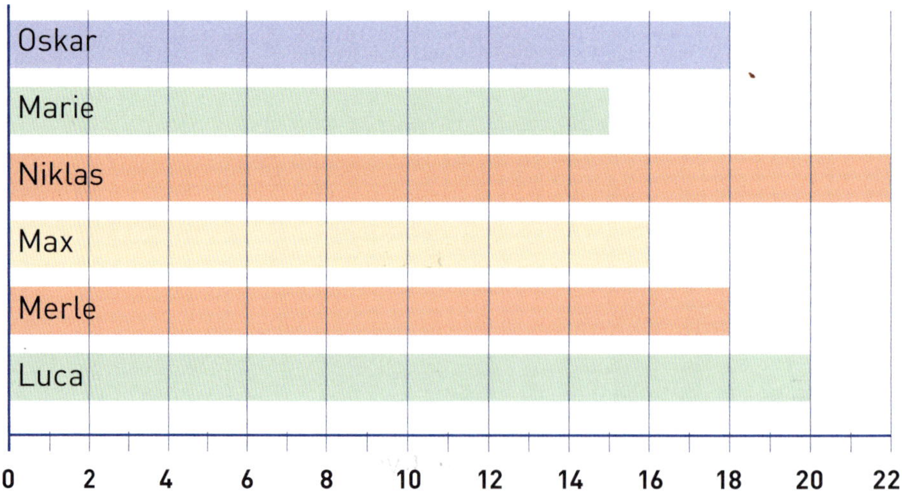

A. Trage die Wurfweite in die Tabelle ein.

Name	Weite
Oskar	18 m
Marie	15 m
Niklas	22 m
Max	16 m
Merle	18 m
Luca	20 m

B. Lies das Schaubild links genau.

Kreuze an.

Das Schaubild zeigt,

- [ ] wie alt die Kinder sind.
- [ ] wie weit die Kinder gesprungen sind.
- [x] wie weit die Kinder den Ball geworfen haben.

C. Ergänze den Text.

Im Schaubild sind die Wurfweiten von 6 Kindern dargestellt.

Niklas hat am weitesten geworfen.

Oskar und Merle haben gleich weit geworfen.

Marie hat am wenigsten weit geworfen.

74 Badefreuden

A. Am Mittwoch kann man insgesamt

_________ Stunden schwimmen gehen.

B. Am Wochenende hat das Freibad insgesamt

_________ Stunden geöffnet.

75 Sommernachmittag

Jannika und Fips gehen um 12.15 Uhr ins Freibad.
Zeichne die fehlenden Zeiger in die Uhr ein.

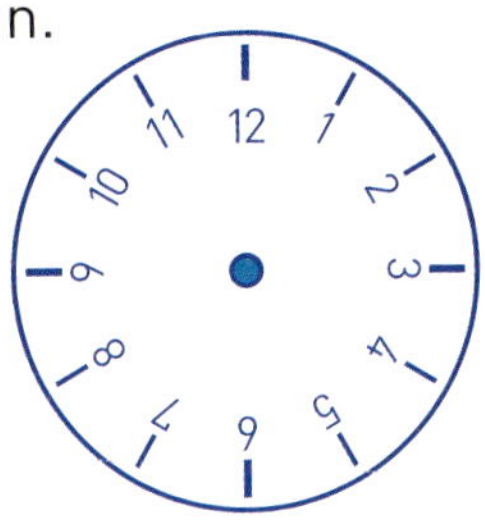

Um ______________ Uhr verlassen sie das Bad wieder.

76 Wartezeit

Es ist jetzt 10.35 Uhr.
Carlotta und ihre Schwester freuen sich schon auf die Seelöwenfütterung.
Wie lange müssen sie noch warten?

10.35 Uhr + ⟶ min = __________ Uhr

77 Hexeneinkauf

Die Hexe Tunichtgut kauft ein. Sie bezahlt mit einem 50 €-Schein und einem 20 €-Schein. Wie viel Geld erhält sie zurück?

1 Besen
10 Kröten-
eier
1 kg Stern-
staub

65 €
2,50
0,50
68,00 €

2€ zurück

Antwort:

78 Weitsprung

Im Sportunterricht springt Noah 1 m 90 cm weit. Bastian springt 230 cm. Conni springt 30 cm weiter als Noah.

A. Trage die Weiten in drei verschiedenen Farben in den Zahlenstrahl ein. Rechne die Weiten auch aus.

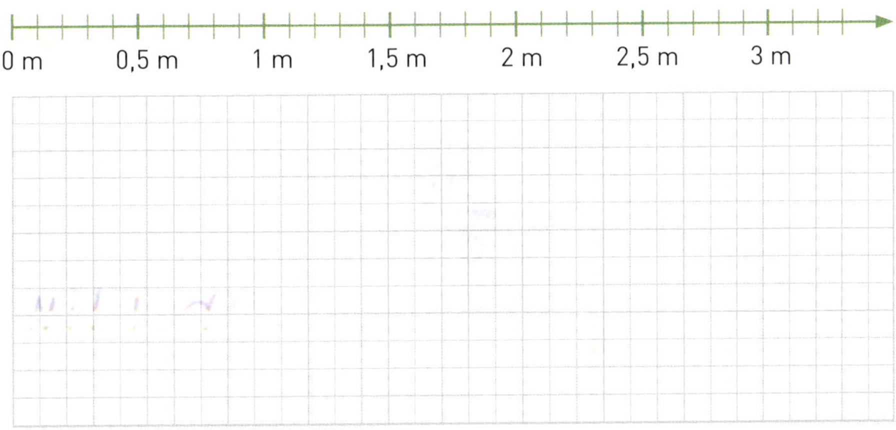

Noah: _____ m ______ cm

Bastian: _____ m ______ cm

Conni: _____ m ______ cm

B. Bastian springt ______ cm weiter als Noah.

Konzentration

Übungen

79 Schmelzender Schneemann

Stelle dich in die Mitte des Zimmers und stell dir vor, du bist ein Schneemann. (Du kannst dafür auch die Augen schließen). Stehst du ganz fest und still? Prima.

Nun stell dir vor, wie die Sonne auf dich scheint. Es wird immer wärmer und du fängst an zu schmelzen. Zuerst rollt vielleicht dein Kopf zur Seite, deine Arme hängen bis zum Boden, dann knicken dir die Knie ein, dein ganzer Körper sinkt in sich zusammen. Ganz am Schluss liegst du dann entspannt am Boden.

80 Tischklavier

Stell dir vor, dass der Tisch vor dir ein Klavier ist. Lege beide Hände auf den Tisch und „spiele" Klavier: Erst hebst du beide Daumen an und drückst dann auf dem Tisch die „Daumentaste", dann die Zeigefinger, erst hoch, dann runter, dann nacheinander die anderen Finger.

Wenn du beim kleinen Finger angekommen bist, geht's wieder zurück. Kleiner Finger, Ringfinger, Mittelfinger, Zeigefinger, Daumen.

Etwas schwieriger wird es, wenn du schneller wirst.

Richtig schwierig wird es, wenn du links mit dem kleinen Finger anfängst und gleichzeitig rechts mit dem Daumen.

Wenn du zwei Wiederholungen geschafft hast ohne dich zu verhaspeln, bist du konzentriert und kannst dich dem Lernen widmen.

81 Das wehende Blatt

Halte ein Blatt Papier am oberen Rand in etwa 10 – 15 cm Abstand so vor dein Gesicht, dass der untere Rand vor deinem Kinn ist. Du kannst das Papier auch mit einer Schnur an den Türrahmen kleben, damit es in der richtigen Höhe vor deinem Gesicht hängt.

Atme nun tief ein. Versuche dabei, möglichst gleichmäßig und langsam auszuatmen, sodass das Papier ganz ruhig vor dir schwebt und nicht flattert.

Wiederhole die Übung. Nach einigen tiefen Atemzügen bist du konzentriert und kannst dich dem Lernen widmen.

82 Augen zu – was hörst Du?

Für diese Übung wäre es gut, wenn dir jemand die Zeit ansagen kann. Du kannst dir aber auch zum Beispiel eine Eieruhr stellen.

Schließe deine Augen für zwei Minuten. Was kannst du alles hören, wenn du nichts mehr siehst?

83 Nasenstift

Stell dir vor, deine Nase ist ein Bleistift. Schreibe zuerst deinen Namen (in Schönschrift). Überlege dir dann einen Satz und schreibe ihn mit deinem Nasenstift in die Luft.

Merkst du, wie dein Hals und deine Schultern locker werden? Prima, dann bist du konzentriert und kannst dich dem Lernen widmen.

84 Viele, viele bunte Farben

Stufe 1: Lies die folgenden Wörter laut. Vorsicht, lass dich nicht von den Farben ablenken:

GRÜN, BLAU, GELB, SCHWARZ, ROT, BLAU, GRÜN, ROT, GELB, SCHWARZ, GRÜN, ROT, SCHWARZ, BLAU, GELB, ROT, GRÜN, SCHWARZ, GELB

Stufe 2: Lies nun die folgenden Wörter laut, und nenne nach jedem Wort die Farbe, in der das Wort gedruckt ist.

BLAU, GELB, GRÜN, ROT, SCHWARZ, BLAU, GRÜN, ROT, GELB, SCHWARZ, GRÜN, BLAU, ROT, GELB, BLAU, GRÜN, SCHWARZ, GRÜN, ROT, BLAU, GELB

85 Viele Gegenstände

Diese Übung kannst du in jedem Raum beginnen, vielleicht am besten in deinem Zimmer. Schau dich gut um und merke dir genau, wo welche Gegenstände liegen, hängen oder stehen – große und kleine! Dann gehst du in ein anderes Zimmer und versuchst, die Einrichtung deines Zimmers möglichst genau aus dem Gedächtnis zu beschreiben. Gib ganz genau an, wo welcher Gegenstand sich befindet. Wenn du Lust hast, mache eine Zeichnung!

86 Muster erkennen

Aus den Stoffresten ihrer letzten großen Beute haben sich die Piraten Kopftücher geschnitten. Immer 2 Piraten tragen ein Kopftuch mit dem gleichen Muster. Male sie in derselben Farbe an.

87 Finde die Wege

Welcher Weg führt Tierpfleger Karl zu welchem Tier? Nachdem du die Wege zugeordnet hast, kannst du die Tiere noch farbig ausmalen.

88 Luftpumpe

Für dieses Spiel brauchst du einen Partner. Entspanne dich und stell dir vor, du bist ein Luftballon ohne Luft. Dein Partner spielt die Luftpumpe. Er pumpt deinen Körper oder einzelne Teile auf, bis du „platzt“ und die ganze Luft aus deinem Körper entweicht.

89 Reimen

Dieses Spiel kannst du mit deinen Eltern oder auch deinen Freunden spielen. Ein Mitspieler nennt ein Wort. Ob es ein Nomen, ein Tunwort oder ein Adjektiv ist, spielt keine Rolle. Abwechselnd nennt nun jeder Mitspieler ein Wort, das sich auf das genannte Wort reimt. Wenn euch keine Reimwörter mehr einfallen, beginnt mit einem anderen Wort von Neuem.

90 Das Alphabet rückwärts aufsagen

Das Alphabet beherrschst du ja schon. Versuche, es von hinten her aufzusagen. Beginne also mit dem Z, dann folgt das Y und so weiter. Du wirst sehen, dass das gar nicht so einfach ist.

Eine Wörterkette bilden

91 Dieses Spiel kannst du mit mehreren Personen spielen. Ein Mitspieler beginnt und sagt ein Wort. Es spielt keine Rolle, ob es ein Nomen, ein Tunwort oder ein Adjektiv ist. Der nächste Mitspieler überlegt sich, welches der letzte Buchstabe des genannten Wortes ist und nennt dann ein neues Wort, das mit diesem Buchstaben beginnt. Wenn also der erste Mitspieler „Adler“ sagt, könnte der zweite Mitspieler „retten“ sagen, der dritte Mitspieler „natürlich“ und so weiter.

92 Zahlengitter

Deine Aufgabe ist es, vom Startfeld links oben (gelbes Feld) zum Zielfeld rechts unten (grünes Feld) zu gelangen. Du darfst immer von einem Feld in ein angrenzendes Feld weiterrücken, also nach links, rechts, oben oder unten, aber immer nur zu einer Zahl, in der eine 3 oder eine 4 vorkommt!
Vom Startfeld kannst du also nicht ein Feld nach unten rücken, da in diesem Feld eine 12 steht – also keine Zahl mit 3 oder 4.
Verstanden? Dann los

4	54	30	17	90	800	17	310	467	890	999	51	11	16	330	201	118	23
12	66	163	99	5	73	83	64	267	201	10	54	36	38	440	133	60	205
76	51	14	62	21	47	11	310	26	770	650	78	34	78	321	36	91	6
87	17	247	113	63	514	75	230	71	501	780	133	50	19	63	407	83	600
90	19	18	12	78	768	81	470	21	155	89	19	80	52	99	70	90	34
112	21	29	65	10	56	57	3	99	2	781	155	90	57	10	94	630	82
543	215	71	57	90	88	1	32	890	956	67	645	99	65	120	51	309	70
768	306	678	111	70	19	9	41	614	103	88	10	22	71	23	45	908	2
89	76	900	67	22	23	77	78	21	104	261	121	55	17	31	30	12	56
11	202	9	5	10	28	61	657	24	305	12	87	67	98	77	20	7	77
5	35	59	22	75	38	40	90	93	22	91	118	89	88	119	16	147	95
987	18	32	43	65	201	23	8	813	35	16	55	12	72	101	18	36	84
18	99	183	183	44	54	10	79	25	547	60	106	65	7	15	225	755	201
20	66	355	144	86	22	89	67	1	94	443	553	13	53	742	55	801	58
22	134	635	298	17	10	90	135	122	7	211	55	29	8	984	187	67	89
64	450	3	91	59	41	75	45	15	59	57	23	71	9	254	663	90	155
78	98	11	66	93	32	17	650	81	10	92	118	92	10	5	831	143	118
99	2	270	107	56	119	43	689	102	900	132	17	51	11	189	7	39	941
100	17	700	635	12	637	65	987	65	88	8	2	61	12	160	2	81	703
6	678	710	93	4	12	7	641	860	450	546	47	71	13	104	206	17	3

93 Traumreisen

Mit dieser Übung kannst du dich gut entspannen. Dabei geht es darum, in deiner Fantasie eine Traumreise zu machen. Startklar? Dann leg dich mit geschlossenen Augen ins Bett oder auf den Boden. Nun suchst du dir ein Thema aus, gut geeignet ist zum Beispiel das Thema „Fliegen". Stell dir nun vor, dass du fliegst – vielleicht zuerst über etwas Bekanntes, deine Heimatstadt, später dann über Berge und Täler und das Meer. Andere Themen könnten sein: Höhlen, Urlaub, ein bestimmtes Reiseziel – deiner Fantasie sind keine Grenzen gesetzt. Solche Traumreisen helfen wirklich zu entspannen, und danach kannst du dich mit frischer Kraft wieder dem Lernen widmen.

94 Ein Mobile bauen

Hast du auch schon einmal wie Lucy und Fips interessante Dinge am Strand gefunden? Wenn du gerade zu Hause bist, findest du sicher auch schöne kleine Dinge in deinem Zimmer, die du verwenden kannst. Aus diesen kannst du ein tolles Mobile basteln.

Das brauchst du dazu:

- ein Stück Holz,
- Muscheln, Glasstücke, Steine, aber auch Perlen, Federn ...
- Schnüre
- Schere
- etwas, um Löcher zu bohren, z. B. einen Handbohrer

Nun kannst du auf den Bildern sehen, wie du dein Mobile bauen kannst. Du wirst sehen, es gibt eine schöne Erinnerung oder ein kleines Geschenk für jemanden.
Viel Spaß beim Bauen!

95 Stille aufnehmen

Für diese Übung brauchst du einen Helfer, der schon gut mit einem Tonaufnahmegerät, zum Beispiel einem Handy, umgehen kann.
Hast du einen Helfer gefunden, vereinbarst du mit ihm, dass ihr beide die nächste Minute ganz, ganz still sein wollt. Diese Stille nehmt ihr dann gemeinsam mit dem Aufnahmegerät auf. Verwendet eine Stoppuhr, damit ihr genau eine Minute schweigt. Dann hört ihr euch die Aufnahme zusammen an: Ist darauf tatsächlich kein Ton zu hören? Habt ihr es beide geschafft, keine Geräusche zu machen? Ist auch vom restlichen Haus oder von draußen nichts zu hören? Manchmal wundert man sich, wie viele kleine Geräusche noch zu hören sind. Versucht, diese Geräusche zu identifizieren. Wenn es einer von euch beiden war, der das Geräusch gemacht hat, macht ihr die Übung noch einmal.

96 Aufwachen

Auch für diese Übung brauchst du einen Helfer. Bitte ihn in dein Zimmer und setz dich an deinen Schreibtisch. Lege nun die Arme verschränkt auf die Tischplatte. Dann legst du den Kopf auf die Arme und tust so, als würdest du schlafen. Dein Helfer stellt sich hinter dich und wartet. Irgendwann macht er dann ein ganz leises Geräusch, das er sich vorher überlegt hat. Sobald du etwas hörst, tust du so, als würdest du „aufwachen". Das könnt ihr beliebig oft mit verschiedenen Geräuschen wiederholen. Du wirst sich konzentrieren müssen, um das Geräusch mitzubekommen. Du kannst deinem Helfer auch Tipps geben. Geeignete Geräusche sind zum Beispiel:

- leise mit dem Schlüsselbund klimpern
- leise den Deckel einer Plastikdose abnehmen
- leise ein Blatt von einem Block reißen
- leise eine Packung Papiertaschentücher öffnen
- einen Reißverschluss öffnen
- leise ein Glas auf dem Boden abstellen

97 Mensch Paul!

Wenn du nicht so gut still sitzen kannst, ist diese Übung etwas für dich. Wieder brauchst du einen Helfer. Er muss dir die folgende Geschichte vorlesen – am besten schön langsam und deutlich. Sobald dein Helfer startklar ist, setz dich auf einen Stuhl und achte genau auf die Geschichte. Beim Zuhören sollst du folgende Dinge tun:

- Immer, wenn das Wort **aufstehen** vorkommt, sollst du vom Stuhl aufstehen.
- Beim Wort **hinlegen** sollst du dich hinlegen.
- Bei **Mensch Paul!** sollst du dir an die Stirn schlagen.
- Bei folgenden Wörtern sollst du aufstehen und einmal um deinen Stuhl herumlaufen: **rennen**, **rannte**, **laufen**, **lief**
- Bei **Wecker** sollst du laut „Rinnng!" rufen.

Die Wörter sind im nachstehenden Text markiert.

Es lebte einst der Bäckermeister Paul. Er wohnte in einer alten Windmühle. Wie man ja weiß, müssen Bäcker jeden Morgen sehr früh **aufstehen**. Aber Paul war unglaublich faul, und dieses frühe **Aufstehen** fiel ihm sehr, sehr schwer. Und dabei pflegte er sich jeden Abend sehr pünktlich um 10 Uhr **hinzulegen**. Er hatte schon alle Tricks probiert: einen sehr lauten **Wecker**, einen Eimer Wasser, den ihm sein Kollege ins Gesicht schüttete ... Manchmal schrie ihn der Kollege auch an: „**Mensch Paul**, steh endlich auf!" Das machte ihn immer für einen kurzen Moment wach, aber kurz darauf wollte er sich schon wieder **hinlegen**. Wenn er es dann endlich geschafft hatte, **aufzustehen**, blieb er nur mit Mühe wach. Er verrichtete seine Arbeit, aber so manches Mal wäre er fast im Stehen eingeschlafen, und mittags hätte er sich glatt schon wieder **hinlegen** können. Sein Kollege sagte dann immer: „**Mensch Paul**, reiß dich zusammen!“ Um wieder munter zu werden, **rannte** Paul dreimal um seine Mühle herum. Es tat gut, etwas zu **laufen**. Leider machte ihn das auch schon wieder müde, und so sagte er zur Kaffeezeit zu seinem Kollegen: „Ich will mich nur rasch eine Viertelstunde **hinlegen**, ich bin gleich wieder da!“ Der Kollege seufzte: „**Mensch Paul**, daraus wird doch nichts! Das schaffst du doch nicht!“ Und er behielt recht: Paul schaffte es mal wieder nicht, **aufzustehen**. Der Kollege überlegte. „Hm, wenn ich einfach nur den **Wecker** klingeln lasse, dann hört er den gar nicht. Ich bräuchte einen sehr, sehr lauten **Wecker**!“ Da fiel ihm etwas ein. Er **rannte** hinaus und suchte im Hühnerstall den Hahn. Dieser wollte sich gerade ein wenig **hinlegen**, wurde aber vom Kollegen unsanft gepackt und hinausgetragen. Mit dem Hahn im Arm **rannte** er zur Mühle zurück. Er **rannte** die Stufen hinauf bis in Pauls Schlafzimmer und sagte zum friedlich schlafenden Paul: „So, Paul, hier habe ich einen sehr lauten **Wecker**. Wenn der dich nicht zum **Aufstehen** bringt, dann weiß ich es auch nicht!“ Und er hielt den Hahn direkt an Pauls Ohr und stupste ihn ein wenig. Der Hahn fing sofort heiser und sehr laut an zu krähen: „Kikerikiiii!“ Das war so laut, dass Paul wie angestochen aus dem Bett fuhr und völlig verwirrt, noch ohne Hosen, die Treppe hinunter**rannte**. Der Kollege lachte. „Es hat funktioniert! Ich glaube, ich nehme jetzt immer den Hahn als **Wecker**.“

98 Im Stadion

Auch für diese Übung brauchst du einen Helfer. Er soll dir die folgende kurze Geschichte langsam und deutlich vorlesen. Wenn du gut zuhörst, wird es nicht schwer sein, hinterher ein paar Fragen zur Geschichte zu beantworten!

Am letzten Wochenende in den Sommerferien waren Patrick und Lena mit ihrem Vater im Fußballstadion in ihrer Heimatstadt Köln. Der 1. FC Köln spielte gegen Wolfsburg, den Deutschen Meister der letzten Saison. Die drei standen auf der Tribüne bei den Kölner Fans. Die Stimmung im Stadion war gut, der Stadionsprecher sagte, es seien 48 000 Leute da. Lena hatte ihren rot-weißen Köln-Schal umgebunden, obwohl es ein sehr heißer Sommertag war – ungefähr 30 Grad! Sie hofften alle, dass der Star der Kölner Mannschaft, Lukas Podolski, ein Tor schießen würde. Doch leider schoss er zweimal am Tor vorbei! In der Halbzeitpause aß Patrick eine Bratwurst mit Ketchup, und sein Vater trank ein Kölsch. In der zweiten Halbzeit klappte dann gar nichts mehr bei der Kölner Mannschaft: Sie schossen sogar ein Eigentor! Am Ende hatten sie 3:1 verloren. Ein bisschen traurig quetschten sich Lena, Patrick und ihr Vater in die volle Straßenbahn. „So ein Mist!", sagte Lena. „Jetzt bin ich total schlecht gelaunt. Köln hat verloren, und morgen geht auch noch die Schule wieder los!" Patrick entgegnete: „Na ja, es war ja erst das zweite Spiel. Köln ist zwar jetzt auf dem letzten Tabellenplatz, aber sie können immer noch ganz nach vorne kommen. Und das mit der Schule ist doch auch nicht so schlimm. Immerhin wirst du all deine Freundinnen wiedersehen." „Genau!", schaltete sich ihr Vater ein. „Und heute sind schließlich noch Ferien! Heute Abend kommen unsere Freunde Anna und Heiko zum Grillen vorbei, das wird bestimmt lustig. Patrick hat zwar schon im Stadion ein Würstchen gegessen, aber er kann bestimmt noch mehr vertragen!" „Hurra!", riefen Patrick und Lena. „Dann gibt es bestimmt wieder Mamas tollen Kartoffelsalat! Und Knoblauchbrot! Und Cevapcici! Und zum Nachtisch gegrillte Bananen!" „Ja, davon können wir ausgehen", sagte ihr Vater, und man sah, dass er sich auch schon darauf freute. So war die Niederlage der Kölner Mannschaft fast schon vergessen.

1. Das Fußballspiel fand an einem Wochenende statt. Was war das Besondere an diesem Wochenende?
2. Wer spielte gegen wen?
3. Wie viele Zuschauer waren im Stadion?
4. Wie heiß war es?
5. Was machten Patrick, Lena und ihr Vater in der Halbzeitpause?
6. Wer hat wie hoch verloren, und warum?
7. Was für eine Laune hat Lena nach dem Spiel, und warum?
8. Wie heißen die Freunde, die abends zum Grillen vorbeikommen wollen?
9. Was wird es beim Grillen alles zu essen geben?

99 Sätze weiterspinnen

Dieses Spiel kann man mit der ganzen Familie spielen: Einer fängt an mit einem Wort, zum Beispiel „Anton". Der Nächste spinnt den Satz weiter und sagt zum Beispiel „fährt". Der Dritte sagt zum Beispiel „nach", der Nächste „Hamburg" usw. Der Satz wird immer länger, und man muss sich alles merken. Je weniger Sinn die Sätze ergeben, desto lustiger wird das Spiel – und desto schwerer auch das richtige Behalten der Sätze.

100 Karaoke

Für dieses Spiel brauchst du einen Mitspieler – ihr singt im Duett Karaoke! Das fördert sowohl das aufmerksame Hören als auch das Sehen. Ihr müsst nämlich gleichzeitig singen und einen Text ablesen. Wenn du Lust darauf hast, bitte deine Eltern, dir im Handel oder in der Bücherei eine Karaoke-CD für Kinder zu besorgen. Davon gibt es jede Menge. Vielleicht hast du ja eine Spielkonsole, auf der ein Karaoke-Spiel installiert ist. Es macht auf jeden Fall sehr viel Spaß, und es kommt nicht auf die Schönheit des Gesangs an!

101 Aufmerksam zuhören

Diese Übung kannst du machen, während du deine Lieblingssendung am Fernseher schaust. Stell einfach den Ton ganz leise. Höre ganz genau zu und versuche, trotzdem jedes Wort zu verstehen.

Eine ähnliche Übung ist, beim Hören eines Musikstücks nur auf ein Instrument zu achten, es durch das ganze Stück zu „verfolgen". Auf diese Weise wird das Wesentliche der Konzentration klar, nämlich andere Dinge (in diesem Fall die Stimme des Sängers) komplett auszublenden

102 Memory spielen

Spiel öfter mal ein Legespiel! Damit trainierst du gleichzeitig, dich zu konzentrieren. Inzwischen gibt es sehr viele verschiedene und auch ungewöhnliche Memospiele im Handel, sodass keine Langeweile aufkommt – zum Beispiel eins, bei dem man Zwillingspaare erkennen soll, „Hello Kitty", Disney oder eins, das man aus den eigenen Fotos selbst machen kann.

103 Wo geht's lang?

Für diese Übung brauchst du einen Helfer, am besten einen Erwachsenen. Bitte ihn einen Stadtplan eurer Stadt zu besorgen. Auf der Karte bestimmt ihr zusammen einen Ausgangspunkt – zum Beispiel euer Haus oder den Bahnhof. Dann sucht ihr irgendwo auf der Karte einen Zielpunkt aus, der nicht zu nahe am Startpunkt liegt. Nun legt dein Helfer einen Finger an den Startpunkt, und du gibst ihm genaue Anweisungen, wo es langgeht. Du wirst dabei merken, wie schwierig es ist, sich so genau auszudrücken, dass ein anderer es richtig versteht.

104 Such und Wimmelbilder

Auf dem Bild rechts ist eine Situation in einem Elektronikfachmarkt zu sehen. Schau es dir genau an und versuche, dir möglichst viele Gegenstände und Menschen zu merken, die du auf dem Bild siehst. Nach einer Minute deckst du das Bild zu und schreibst auf, was du dir gemerkt hast. Diese Übung kannst du mit jedem Bild, auf dem viel zu sehen ist, wiederholen.

KNUT DER FILM
9 45 €
7 95 €
2 95 €

105 Blumen suchen

Auf diesem Bild siehst du sechs verschiedene Sorten Blumen. Zähle, wie viele Blumen es von jeder Sorte gibt! Es ist ein wenig knifflig, weil sie so durcheinander sind, aber vielleicht findest du ja eine gute Methode, sie zu zählen.

106 Buntes Hochaus

Dieses Hochhaus in Chicago hat 21 Stockwerke und noch mehr Fenster. Abends, wenn es dunkel ist, leuchten diese Fenster immer in einer bestimmten Farbreihenfolge, von links oben durchgehend, Reihe für Reihe, bis nach rechts unten:

rot – **blau** – **gelb** – **grün**.

Male die angefangene Farbreihenfolge weiter! Wenn du alles richtig gemacht hast, sollte das letzte Fenster rot sein.

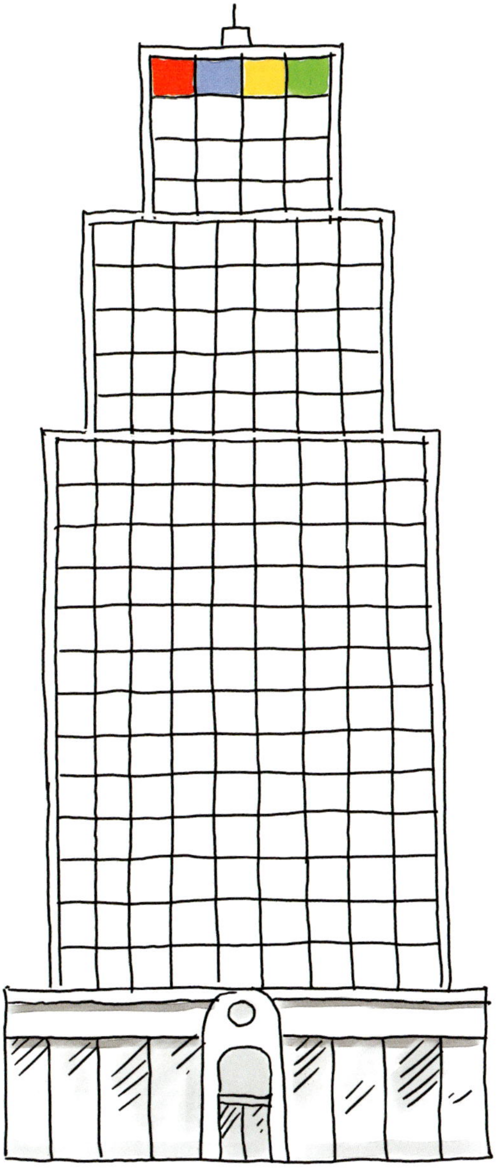

107 Wortnachbarn finden

Für diese Übung brauchst du einen Helfer, am besten einen Erwachsenen. Bitte ihn, aus einem Schul- oder Geschichtenbuch oder aus der Zeitung einen einfachen kurzen Text zu kopieren, damit ihr beide den gleichen Text vorliegen habt.

Dein Helfer liest dir nun ein beliebiges Wort aus dem Text vor, und du versuchst, so schnell wie möglich die linken und rechten Nachbarn des Wortes herauszusuchen. dann rufst du sie dem Helfer zu. Diese Übung hilft dir, dich im Text zurechtzufinden und dich auf etwas Bestimmtes zu konzentrieren.

108 Geheimschriften

Magst du Geheimschriften? Bei dieser Übung wird eine Geheimschrift eingesetzt. Du brauchst einen Helfer, der schon gut lesen kann. Er überlegt sich einen Satz oder nur ein Wort und unterstreicht dann auf einer beliebigen Zeitungsseite ganz fein mit Bleistift die Buchstaben, die seine Botschaft bilden (in der richtigen Reihenfolge natürlich). Einfacher wird es, wenn dein Helfer die Buchstaben einkreist. Deine Aufgabe ist es dann, die Botschaft zu finden. Um die unterstrichenen oder eingekreisten Buchstaben zu finden und die richtigen Wörter zu bilden, braucht es viel Konzentration. Wenn es dir gelingt, den Text zu entschlüsseln, kannst du stolz auf dich sein.

109 Schlafende Acht

Stelle dich mitten in den Raum und denke dann an eine große, dicke Acht. Diese Acht hat sich hingelegt und schnarcht gemütlich vor sich hin. Strecke nun beide Arme aus und „male" mit beiden Armen die Form der liegenden Acht nach. So groß wie es geht. Werde dann mit deinen Bewegungen immer kleiner, bis nur noch deine beiden Zeigefinger die Acht malen. Lass die Bewegungen dann wieder richtig groß werden, und recke und strecke dich am Schluss. Schüttle die Arme aus und dann kanns mit dem Lernen weitergehen!

110 Checkliste für den Urlaub

Der zehnjährige Jens freut sich schon: Er wird mit seinen Eltern im Urlaub nach Schweden fahren. Es soll ein richtiger Outdoor-Urlaub werden. Seine Eltern bitten ihn drei Wochen vorher, schon einmal eine Checkliste, mit allen Dingen zu machen, die sie mitnehmen müssen. Da kommt einiges zusammen! Jens hat alles ordentlich alphabetisch aufgeschrieben. Aber seine Mutter findet das gar nicht so praktisch, weil jetzt ganz verschiedene Sachen hintereinander stehen. „Wie soll ich mich denn da zurechtfinden?“ ruft sie. „Und du hast sogar ein paar Sachen doppelt aufgeschrieben – die hast du nur verschieden genannt!“

Sieh dir seine Liste an.
Welche Sachen hat Jens aus Versehen doppelt aufgeschrieben? Kannst du die verschiedenen Gegenstände etwas anders ordnen? Erstelle auf einem Zettel neue Listen: Was gehört zu Nahrungsmitteln? Was ist Kleidung? Was gehört zur Reiseapotheke? Welche weiteren Kategorien fallen dir ein?

Äpfel
Badelatschen
Badezeug
Baseballkappen
Brot
Bücher
Campinggeschirr
Campingkocher
Dauerwurst
dicke Socken
Fernglas
feuchte Tücher
Feuerzeug
Fleecejacken
Fotoapparat
Geldbörse
Geschirrspülmittel
Grillanzünder
Grillkohle
Grillzange
Gummischuhe
Gurken
Handtücher
Handwaschmittel
Handy
Isomatten
Jeans
Kamera
Käse
Ketchup
Klappstühle
Klopapier
Knabberzeug
Kohle zum Grillen
Kopfkissen
Kühlbox
Kulturbeutel mit Inhalt
kurze Hosen
Landkarten
Leine für Wäsche
Magentabletten
Mittel gegen Insektenstiche
Mückenschutz
Mullbinden
Navigationsgerät
Nudeln
Nudelsoße
Ohrstöpsel
Öl zum Braten
Petroleumlampe
Pfanne
Pflaster
Plastiktüten
Portemonnaie
Pulverkaffee
Regenhose
Regenjacke
Reis
Reiseführer
Reiseschachspiel
Salz und Pfeffer
Schlafsäcke
Schmerzmittel
Schwedisch-Wörterbuch
Schweizer Messer
Senf
Socken, dicke
Sonnenbrille
Sonnencreme
Spanngurte
Spülmittel
Stifte und Papier
Strandtennis-Set
Stühle
Taschenlampen
Teebeutel
Toilettenpapier
Traubenzucker
Trekkinghosen
Trinkflaschen
T-Shirts
Tütensuppen
Unterwäsche
Vitamin-Brausetabletten
Wanderschuhe
Wäscheleine
Waschmittel
Wasserball
Wasserfeste Packtaschen
Wasserkanister
Wundsalbe
Zelt

111 Wortsuchgitter

Hier findest du ein Wortsuchgitter. So eins hast du vielleicht schon einmal gesehen. Es haben sich jede Menge Wörter darin versteckt, und zwar lauter Hobbys und Tätigkeiten, die man nachmittags machen kann. Netterweise haben wir diese Wörter in der Liste unten schon aufgeschrieben, du musst sie nur finden! Vielleicht ist ja auch dein eigenes Hobby dabei?

Die Wörter können sich waagerecht oder senkrecht verbergen, vorwärts oder rückwärts. Zum Glück aber nicht diagonal!

Kreise alle Wörter, die du findest, mit dem Bleistift ein und streiche sie unten in der Liste durch. Wenn du alle Wörter gefunden hast, bist du bereit für die geheime Botschaft: Schreibe die übrig gebliebenen Buchstaben (also die, die nicht zu eingekreisten Wörtern gehören) zeilenweise von links nach rechts nebeneinander, und du kannst die Botschaft sehen.

AUTOS
BALLETT
BASTELN
CHATTEN
CHOR
COMICS
COMPUTERSPIELE
DINOSAURIER
FAHREN
FERNSEHEN
FLÖTE
FREUNDE
FUSSBALL
GITARRE
HARRY POTTER
JUDO
KANINCHEN
KLAVIERSPIELEN
KLETTERN
KOCHEN
MALEN
MODE
MUSIK
NACHHILFE
PFADFINDER
PFERDEBÜCHER
PIRATEN
PLANETEN
PUZZLE
RAD
SCHLAFEN
SCHWIMMEN
TENNIS
THEATER
TREFFEN
TOBEN
TURNEN
VOLLEYBALL
ZAUBERN

H	E	K	L	E	T	T	E	R	N	R	Z	L	I	C	K	H	E	N	F
G	L	Ü	C	M	U	S	I	K	K	S	K	T	H	E	A	T	E	R	U
N	A	C	H	H	I	L	F	E	W	C	L	U	U	N	N	S	C	H	S
D	U	K	A	N	B	N	S	T	N	H	A	R	P	U	I	N	D	I	S
E	S	O	T	U	A	B	O	T	S	L	V	N	L	C	N	H	A	F	B
T	L	E	S	E	L	N	S	O	I	A	I	E	A	S	C	H	O	R	A
T	D	O	C	H	L	D	I	E	M	F	E	N	N	Ü	H	H	E	N	L
P	F	E	R	D	E	B	Ü	C	H	E	R	I	E	C	E	H	D	T	L
F	G	A	N	Z	T	U	M	S	O	N	S	N	T	E	N	N	I	S	S
A	T	N	E	T	T	A	H	C	G	E	P	W	E	E	N	S	N	E	N
D	N	G	U	T	E	F	L	Ö	T	E	I	A	N	R	R	B	O	E	I
F	E	T	N	E	T	A	R	I	P	W	E	E	N	L	E	T	S	A	B
I	H	E	V	O	L	L	E	Y	B	A	L	L	I	S	B	T	A	T	E
N	E	R	S	O	E	M	O	D	E	N	E	Z	D	C	U	L	U	O	N
D	S	C	H	W	I	M	M	E	N	I	N	Z	C	I	A	H	R	B	E
E	N	R	A	D	F	A	H	R	E	N	D	U	A	M	Z	R	I	E	L
R	R	F	S	G	I	T	A	R	R	E	T	P	K	O	C	H	E	N	A
D	E	L	E	I	P	S	R	E	T	U	P	M	O	C	U	A	R	U	M
C	F	R	E	U	N	D	E	T	R	E	F	F	E	N	H	A	U	F	S
K	L	O	H	A	R	R	Y	P	O	T	T	E	R	!	!	J	U	D	O

112 Stimmen die Adressen?

Robert arbeitet in den Ferien als Aushilfe in einem Büro. Die folgenden sieben Adressen sollte er von einzelnen Zetteln in eine Liste übertragen. Leider ist er ziemlich schusselig und hat beim Abschreiben einige Fehler gemacht. Sieh genau hin: Findest du sie alle? (Die Orte gibt es übrigens wirklich alle, sie sind nicht ausgedacht!)

Das stand auf den Zetteln:	**Und das ist Thorstens Liste:**
Herrn Dieter Scholz Rosenweg 17 76891 Busenberg	Herrn Dieter Scholz Rosenweg 71 76891 Busenberg
Frau Dr. Hannelore Müller An der schönen Aussicht 3a 73108 Gammelshausen	Frau Hannelore Müller An der schönen Aussicht 13a 73108 Gammelshausen
Familie Siebert Schubertstraße 17b 56368 Katzenelnbogen	Familie Siebert Schubertstraße 17 56368 Katzenelnbogen
Herrn Turgut Özyörük Dresdener Str. 7 18334 Bad Sülze	Frau Turgut Özyörük Dresdner Str. 7 18334 Bad Sülze
Frau Sybille Obergschwandner Geranienstr. 7 2023 Oberstinkenbrunn Österreich	Frau Sybille Obergeschwandner Geranienstr. 7 2023 Oberstinkenbrunn Östereich
Herrn Prof. Dr. Willy Wehberg Universität zu Köln, Institut für Geschichte Albertus-Magnus-Platz 50923 Köln	Herrn Dr. Willi Wehberg Universität zu Köln, Institut für Geschichte Albertus-Magnus-Straße 50923 Köln
Volkmar und Rita Kowalcyk Bietigheimer Str. 73 Appartement 4/2 74842 Billigheim	Volkmar und Rita Kowalzyk Bietigheimer Str. 73 Appartement 2/4 78442 Billigheim

Lösungen

Lösungen

1. Koffer A-I: Angel, Badehose, Fotoapparat, Handtuch
Koffer J-Q: Lederhose, Pausenbrot
Koffer R-Z: Regenjacke, Rucksack, Sonnenbrille, Wanderstock

2. Die richtige Reihenfolge lautet:
fotografieren, jodeln, klettern, lesen, malen, radeln, schwimmen, wandern

3.

Wespe	1	Stier	3
Wildschwein	2	Spatz	2
Wühlmaus	3	Schaf	1
Ameise	2	Reh	2
Adler	1	Reiher	3
Amsel	3	Regenwurm	1

4. der Freund, das Wasser, die Brille, der Badeanzug, der Ball, das Eis, der Sonnenschirm, das Handtuch, die Badetasche, das Freibad

5. Menschen: Mädchen, Junge
Tiere: Frosch, Biene
Pflanzen: Erdbeere, Baum
Dinge: Brille, Ball

> Wörter für Menschen, Tiere, Pflanzen und Dinge sind Nomen. Du kannst sie anfassen und sehen.

6. ein Stift – viele Stifte
ein Schmetterling – viele Schmetterlinge
ein Stein – viele Steine
ein Kind – viele Kinder

7. Heute ist ein heißer Tag. Lennart und Anja gehen ins Freibad. Dort treffen sie viele Freunde. Sie schwimmen, tauchen und spielen Ball. Später kaufen sie sich ein leckeres Eis.

8. Ein Logbuch ist ein Schiffstagebuch.

10. Die Kinder können: klettern, springen, fangen, rennen, tauchen, kochen, hüpfen, kicken, werfen, kleben
Tauchen, kleben und kochen passen nicht auf den Sportplatz.

11 abspielen, mitspielen, verspielen, umspielen, vorspielen, nachspielen, ausspielen

12 Beispiellösung: ich renne, du rennst, er/sie/es rennt, wir rennen, ihr rennt, sie rennen

13 Haus – Häuschen, Baum – Bäumchen, Maus – Mäuschen, Apfel - Äpfelchen

14 Blättchen, Kätzchen, Mäuerchen, Säckchen

15 Wortpaare: laufen – der Läufer, kaufen – die Verkäuferin, der Schaum – schäumen, ein Rad – viele Räder

16 Wer ist das ? FIPS

17 Fips macht Urlaub in den A L P E N.

18 Lösungssatz: Das Gold liegt in der Höhle.

19 Blinde Passagiere: REGEN, SIND, BROT, TISCHE

20 Das Geheimnis lautet: Der Kapitän unseres Schiffes kann nicht lesen und nicht schreiben.

21

Name:	Nelly	Annabella	Muriel
Haarfarbe:	braune Haare	blonde Haare	schwarze Haare
Hutfarbe:	gelber Hut	roter Hut	blauer Hut

22 Rolf

41 Komm, wir gehen zu den Elefanten! Wo sind denn die Löwen?
Geh doch bitte mit zum Spielplatz! Sollen wir eine Pause machen?
Halt, nicht so schnell! Hast du den Fotoapparat? Warte auf mich!
Gibt es im Aquarium auch Haie?

42 **Sprechblasen:** Aufforderungssatz, Frage, Aussage
Aussagesätze: Das hat Spaß gemacht. (Das kannst du aber auch mit Ausrufezeichen schreiben).

Lösungen

Aufforderungssätze: Denke an die Satzzeichen! Gib mir auch mal den Fotoapparat! Lauf nicht so schnell!
Fragen: Wo sind die Seehunde? Wer füttert die Löwen? Wann schließt der Zoo? Warum müssen wir schon gehen?

43 Mein Lieblingsessen sind Bananen**.** Im Urwald fühle ich mich wohl**.**
Wir leben in einer großen Familie**.** Kletterst du auch so gerne wie ich**?**
Am liebsten schwinge ich an Lianen**.**
Das gesuchte Tier ist ein **Affe.**

45

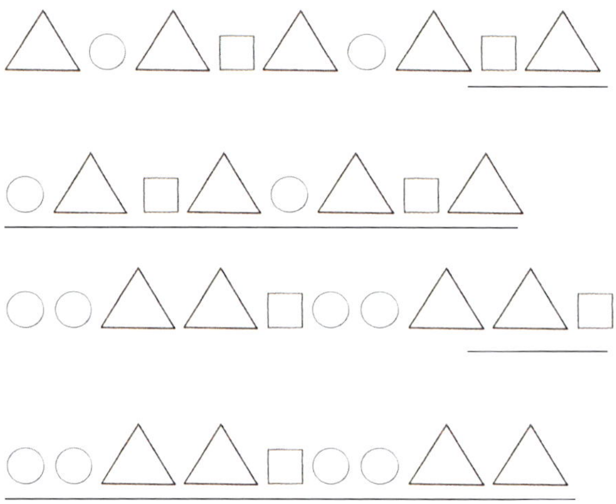

46 **A.** Carlotta sieht einen Tiger.

C. Vom Eingang aus gehen die Mädchen nach rechts, biegen die nächste Möglichkeit links ab und folgen dem Weg bis sie vor den Bären stehen. Sie laufen den Weg weiter geradeaus und biegen an der Abzweigung links ab. Nach wenigen Schritten sind sie bei den Seelöwen. Sie laufen geradeaus weiter bis zu den Elefanten. Dort biegen sie links ab und folgen dem Weg bis zu den Löwen.

47

Kreis	Quadrat	Rechteck	Dreieck
7	8	4	8

48 Die Zahlen in der Gondel heißen: 99, 98, 97, 96, 95, 94, 93, 92

49 42 > 24,
59 < 60,
34 < 42,
86 < 98,
87 > 78,
42 < 53

50 Am linken Berg sind 16, 28, 84 gerade Zahlen, 21, 67 und 99 sind ungerade.
Am rechten Berg sind 12, 54, 100 gerade Zahlen, 9, 33 und 77 sind ungerade.

51

Z	E
3	4

52 A. 19, 18, **17**, **16**, 15, **14**, **13**
B. 25, 30, **35**, **40** 45, **50**, **55**
C. 88, 77, **66**, **55**, 44, **33**, **22**
D. 8, 13, 18, 23, **28**, **33**, 38

53 A. **66**, 67, **68** — **42,** 43, **44** — **69**, 70, **71**
98, 99, **100** — **56**, 57, **58** — **30**, 31, **32**

B. **30,** 34, **40** — **20,** 29, **30** — **90,** 98, **100**
70, 76, **80** — **50,** 54, **60** — **80,** 88, **90**

54 A. 25, 30, 35, **40, 45, 50, 55**
B. 80, 78, 76, **74, 72, 70, 68**
C. 24, 25, 27, 30, 34**, 39, 45, 52, 60**
D. 65, 62, 58, 55, 51, **48, 44, 41, 37**
E. 36, 39, 34, 37, 32, **35, 30, 33, 28**
F. 91, 84, 87, 80, 83, **76, 79, 72, 75**
G. 99, 90, 95, 84, 89, **80, 85, 74, 79**
H. 78, 84, 80, 86, 82, **88, 84, 90, 86**

Lösungen

55

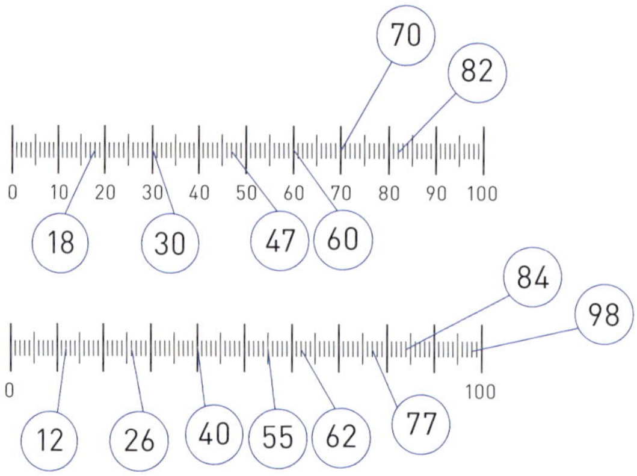

56

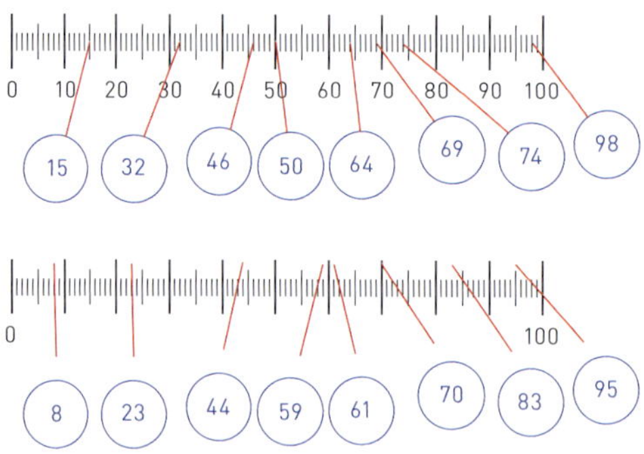

57 **A.**

100

38 | 62

13 | 25 | 37

5 | 8 | 17 | 20

1 | 4 | 4 | 13 | 7

B.

99

60 | 39

33 | 27 | 12

14 | 19 | 8 | 4

1 | 13 | 6 | 2 | 2

C.

				67				
			32		35			
		17		15		20		
	10		7		8		12	
8		2		5		3		9

58 57 + 36 = 93

34 +19 = 53

41 – 8 = 33

83 – 38 = 45

59 **A.** 65 + 17 > 93 – 15   **B.** 76 – 35 = 25 + 16

C. 33 + 28 < 97 – 24   **D.** 63 – 49 < 47 + 14

60 **A.** 27 + 46 = 73   **B.** 78 – 37 = 41   **C.** 81 = 63 + 18

D. Mögliche Zahlen: 14, 15, 16, 17, 18, 19, 20, 21, 22, 23, 24, 25, 26, 27

E. 73 – 28 = 45   **F.** 45 + 35 = 80   **G.** 29 = 84 – 55

H. Mögliche Zahlen: 21, 22, 23, 24, 25, 26, 27, 28, 29, 30, 31, 32, 33

61 **A.** 3 + 3 + 3 + 3 = 12; 4 · 3 = 12

B. 4 + 4 + 4 + 4 = 16; 4 · 4 = 16

C. 2 + 2 + 2 + 2 + 2 = 10; 5 · 2 = 10

D. 5 + 5 + 5 = 15; 3· 5 = 15

62 Rechnung: 5 x 4 Beine = 20 Beine

Antwort: Die Kinder sehen 20 Beine.

63 Die Familie bezahlt 24 €.

64 **A.** 3 · 8 = **24**

B. 18 · 2 = **9**

C. 5 · 4 = **20**

65 **A.** 4 · 8 = 32; 32 : 8 = 4 **B.** 9 · 3 = 27; 27 : 3 = 9
C. 2 · 7 = 14; 14 : 7 = 2 **D.** 5 · 6 = 30; 30 : 6 = 5

66

5 · 6 = 30	8 · 8 = 64
30 : 5 = 6	64 : 8 = 8
18 : 2 = 9	10 · 8 = 80
9 · 2 = 18	80 : 10 = 8

67 Rechnung: 15 Bahnen : 3 = 5 Bahnen
Antwort: Jannika schwimmt 5 Bahnen.

68

Schuppen A:	18 : 9 = 2	49 : 7 = 7	81 : 9 = 9
	48 : 6 = 8	36 : 4 = 9	16 : 4 = 4
	21 : 7 = 3	64 : 8 = 8	56 : 8 = 7
Schuppen B:	29 : 5 = 5 R 4	57 : 6 = 9 R 3	37 : 7 = 5 R 2
	26 : 3 = 8 R 2	42 : 8 = 5 R 2	29 : 4 = 7 R 1

69 Rechnung: 36 : **3** = **12**
Antwort: Jeder Pirat bekommt **12** Goldtaler.

70 **A.**

Ein Mädchen	Beide Mädchen
30	60
44	88
29	58
17	34
38	76

B.

Kernvorrat	Für jeden Hamster
80	40
64	32
78	39
36	18
52	26

71 **A.**

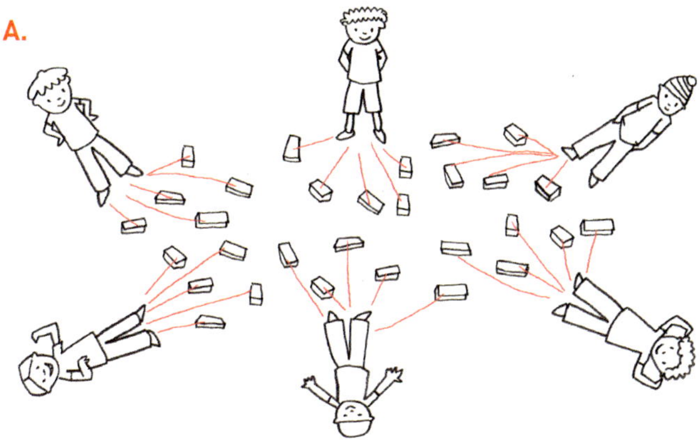

Rechnung:
30 : 6 = 5

Antwort: Jeder Junge muss 5 Ziegelsteine tragen.

B

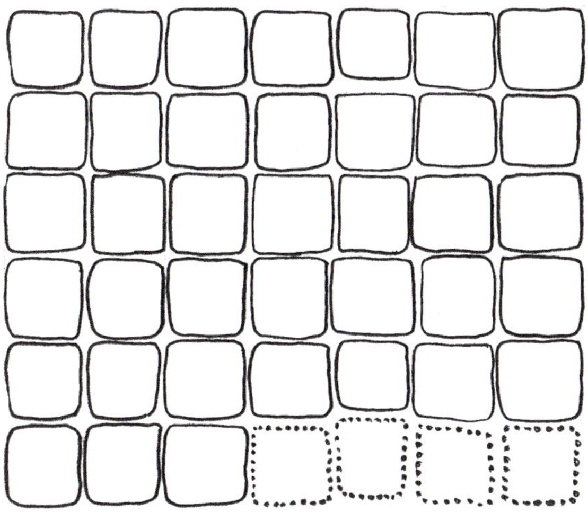

Rechnung: 38 : 7 = 5 Rest 3. Es haben noch 4 Steine Platz.

72

Montag:	93 Besucher
Dienstag:	47 Besucher
Mittwoch:	22 Besucher
Donnerstag:	61 Besucher
Freitag:	70 Besucher
Samstag:	85 Besucher
Sonntag:	100 Besucher

73 A.

Name	Weite
Oskar	18 m
Marie	15 m
Niklas	22 m
Max	16 m
Merle	18 m
Luca	20 m

B. Das Schaubild zeigt, wie weit die Kinder den Ball geworfen haben.

C. Im Schaubild sind die Wurfweiten von **6 Kindern** dargestellt.
Niklas hat am weitesten geworfen.
Oskar und **Merle** haben gleich weit geworfen.
Marie hat am wenigsten weit geworfen.

74 A. Am Mittwoch kann man insgesamt **11 Stunden** schwimmen gehen.

B. Am Wochenende hat das Freibad insgesamt **19 Stunden** geöffnet (am Samstag und am Sonntag jeweils 9 Stunden und 30 Minuten).

75 Jannika und Fips gehen um 12.15 Uhr ins Freibad.
Um **17.45 Uhr** verlassen sie das Bad wieder.

76 10.35 Uhr **+ 25** min = **11.00** Uhr

77 Rechnung:

65 € (Besen)
\+ 2,50 € (10 Kröteneier)
\+ 50 ct (1 kg Sternstaub)
= 68 €

50 € + 20 € = 70 € (Geldscheine, mit denen die Hexe bezahlt)
70 € - 68 € = 2 €
Antwort: Die Hexe Tunichtgut erhält 2 € zurück.

78 **A.** Noah: 1 m 90 cm
Bastian: 2 m 30 cm
Conni: 2 m 20 cm

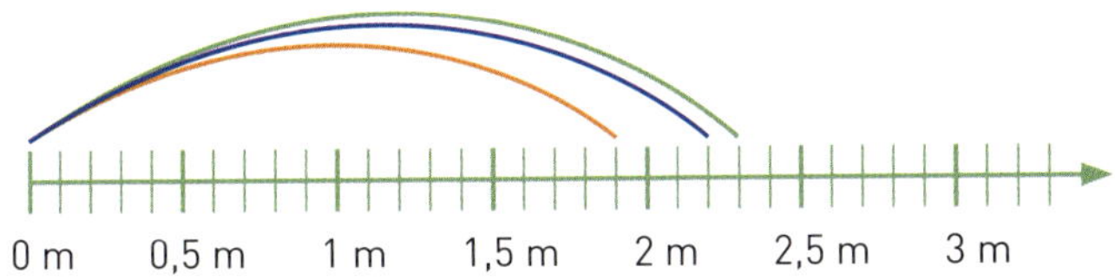

B. Bastian springt 40 cm weiter als Noah.
Rechnung: 2 m 30 cm – 1 m 90 cm = 40 cm

86

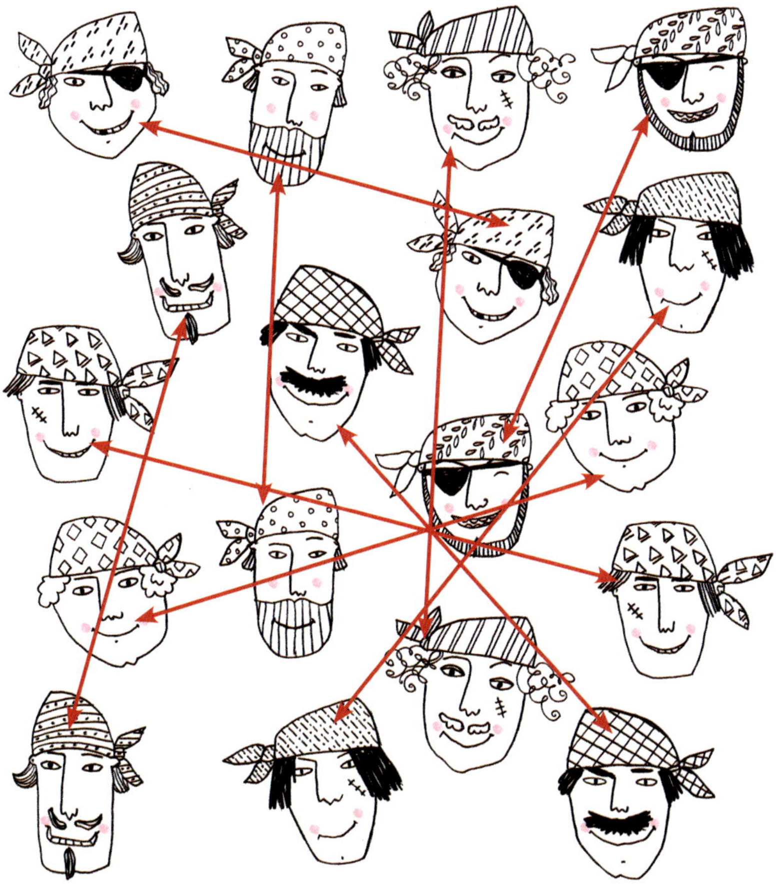

Lösungen

87 1-C, 2-A, 3-D und 4-B

92

4	54	30	17	90	800	17	310	467	890	999	51	11	16	330	201	118	23
12	66	163	99	5	73	83	64	267	201	10	54	36	38	440	133	60	205
76	51	14	62	21	47	11	310	26	770	650	78	34	78	321	36	91	6
87	17	247	113	63	514	75	230	71	501	780	133	50	19	63	407	83	600
90	19	18	12	78	768	81	470	21	155	89	19	80	52	99	70	90	34
112	21	29	65	10	56	57	3	99	2	781	155	90	57	10	94	630	82
543	215	71	57	90	88	1	32	890	956	67	645	99	65	120	51	309	70
768	306	678	111	70	19	9	41	614	103	88	10	22	71	23	45	908	2
89	76	900	67	22	23	77	78	21	104	261	121	55	17	31	30	12	56
11	202	9	5	10	28	61	657	24	305	12	87	67	98	77	20	7	77
5	35	59	22	75	38	40	90	93	22	91	118	89	88	119	16	147	95
987	18	32	43	65	201	23	8	813	35	16	55	12	72	101	18	36	84
18	99	183	183	44	54	10	79	25	547	60	106	65	7	15	225	755	201
20	66	355	144	86	22	89	67	1	94	443	553	13	53	742	55	801	58
22	134	635	298	17	10	90	135	122	7	211	55	29	8	984	187	67	89
64	450	3	91	59	41	75	45	15	59	57	23	71	9	254	663	90	155
78	98	11	66	93	32	17	650	81	10	92	118	92	10	5	831	143	118
99	2	270	107	56	119	43	689	102	900	132	17	51	11	189	7	39	941
100	17	700	635	12	637	65	987	65	88	8	2	61	12	160	2	81	703
6	678	710	93	4	12	7	641	860	450	546	47	71	13	104	206	17	3

98

1. Es ist das letzte Wochenende der Sommerferien.
2. Der 1. FC Köln gegen den VfL Wolfsburg.
3. 48.000.
4. Ungefähr 30 Grad.
5. Der Vater trinkt ein Kölsch, Patrick isst eine Wurst mit Ketchup.

6. Köln hat 3:1 verloren: Lukas Podolski hat zweimal danebengeschossen, und die Kölner haben ein Eigentor gemacht.

7. Lena hat schlechte Laune, weil der FC verloren hat und weil am nächsten Tag die Schule wieder anfängt.

8. Anna und Heiko.

9. Würstchen, Cevapcici, Kartoffelsalat, Knoblauchbrot, Bananen.

105 Blumen mit vier Blütenblättern: 11
Blumen mit vier Blütenblättern und einem Kreis in der Mitte: 5
Blumen mit fünf Blütenblättern: 16
Blumen mit fünf Blütenblättern und einem Kreis in der Mitte: 8
Blumen mit sechs Blütenblättern: 11
Blumen mit sechs Blütenblättern und einem Kreis in der Mitte: 5

110 Jens hat neun Dinge doppelt aufgeschrieben:
dicke Socken/Socken, dicke
Geldbörse/Portemonnaie
Fotoapparat/Kamera
Geschirrspülmittel/Spülmittel
Handwaschmittel/Waschmittel
Klopapier/Toilettenpapier
Kohle zum Grillen/Grillkohle
Leine für Wäsche/Wäscheleine
Klappstühle/Stühle

111 Die geheime Botschaft lautet:
Herzlichen Glückwunsch! Du kannst nun die Botschaft lesen. So ist doch die Mühe nicht ganz umsonst gewesen. Gute Arbeit, weiter so! Endlich darfst du auch aufs Klo!!

Lösungen

H	E	K	L	E	T	T	E	R	N	R	Z	L	I	C	K	H	E	N	F
G	L	Ü	C	M	U	S	I	K	K	S	K	T	H	E	A	T	E	R	U
N	A	C	H	H	I	L	F	E	W	C	L	U	U	N	N	S	C	H	S
D	U	K	A	N	B	N	S	T	N	H	A	R	P	U	I	N	D	I	S
E	S	O	T	U	A	B	O	T	S	L	V	N	L	C	N	H	A	F	B
T	L	E	S	E	L	N	S	O	I	A	I	E	A	S	C	H	O	R	A
T	D	O	C	H	L	D	I	E	M	F	E	N	N	Ü	H	H	E	N	L
P	F	E	R	D	E	B	Ü	C	H	E	R	I	E	C	E	H	D	T	L
F	G	A	N	Z	T	U	M	S	O	N	S	N	T	E	N	N	I	S	S
A	T	N	E	T	T	A	H	C	G	E	P	W	E	E	N	S	N	E	N
D	N	G	U	T	E	F	L	Ö	T	E	I	A	N	R	R	B	O	E	I
F	E	T	N	E	T	A	R	I	P	W	E	E	N	L	E	T	S	A	B
I	H	E	V	O	L	L	E	Y	B	A	L	L	I	S	B	T	A	T	E
N	E	R	S	O	E	M	O	D	E	N	E	Z	D	C	U	L	U	O	N
D	S	C	H	W	I	M	M	E	N	I	N	Z	C	I	A	H	R	B	E
E	N	R	A	D	F	A	H	R	E	N	D	U	A	M	Z	R	I	E	L
R	R	F	S	G	I	T	A	R	R	E	T	P	K	O	C	H	E	N	A
D	E	L	E	I	P	S	R	E	T	U	P	M	O	C	U	A	R	U	M
C	F	R	E	U	N	D	E	T	R	E	F	F	E	N	H	A	U	F	S
K	L	O	H	A	R	R	Y	P	O	T	T	E	R	!	!	J	U	D	O

112 Die Abweichungen sind markiert:

Herrn
Dieter Scholz
Rosenweg **71**
76891 Busenberg

Frau
Dr. Hannelore Müller
An der schönen Aussicht **1**3a
73108 Gammelshausen

Familie Siebert
Schubertstraße 17**b**
56368 Katzenelnbogen

Herrn
Turgut Özyörük
Dresd**e**ner Str. 7
18334 Bad Sülze

Frau Sybille Ober**ge**schwandner
Geranienstr. 7
2023 Oberstinkenbrunn
Öster**r**eich

Herrn **Prof.** Dr. Willi Wehberg
Universität zu Köln, Institut für Geschichte
Albertus-Magnus-**Straße**
50923 Köln

Volkmar und Rita Kowal**z**yk
Bietigheimer Str. 73
Appartement **2/4**
7**8442** Billigheim